백종원의 집밥
365 다이어리

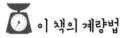 이 책의 계량법

약 90ml

1큰술

약 180ml

½컵 1컵

* 계량은 밥숟가락과 종이컵으로 했다.
* 1큰술은 밥숟가락으로 소복이 한 숟가락이다.
* 1컵은 종이컵 1 컵이며 약 180ml다.
* 모든 양념은 개인 취향에 따라 가감할 수 있다.

백종원의 집밥
365 다이어리

백종원 지음

서울문화사

《백종원의 집밥 365 다이어리》 구성 및 활용법

집밥 레시피+위클리 플랜

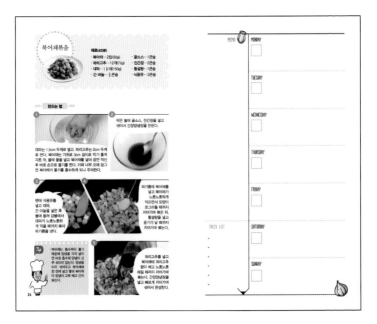

매주 한 가지씩 '백종원이 추천하는 집밥 메뉴' 시리즈에 나온 레시피를 소개하고, 요리와 함께하는 일상을 직접 기록할 수 있는 위클리 플랜 페이지로 구성되어 있습니다.

위클리 플랜에는 한 주간의 요리 계획을 쓸 수 있는 것은 물론, 레시피에 대한 감상이나 요리에 관한 메모를 적을 수 있는 메모칸, 그리고 그 주의 장보기 리스트를 정리할 수 있는 체크리스트로 활용도를 높였습니다.

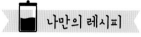 **나만의 레시피**

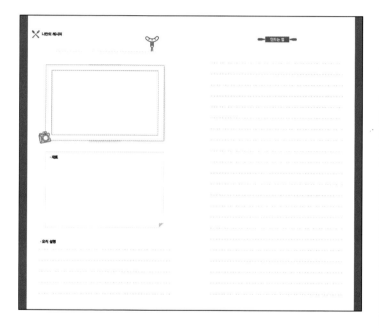

이 책에 실린 레시피를 응용하여 만든 응용 레시피나 자신만의 레시피를 정리해볼 수 있는 '나만의 레시피' 메모장입니다.

나만의 레시피로 만든 요리의 사진을 찍어 붙이고 사용한 재료, 요리에 대한 설명을 써보세요. 그리고 만드는 법을 순서대로 정리해서 나만의 레시피책을 만들어보세요. 과정 사진과 함께 정리해도 좋고, 글로만 정리해도 좋습니다. 나만의 레시피를 차곡차곡 모아가면 세상에서 단 하나뿐인 요리책이 탄생할 거예요.

2021

1 JANUARY

S	M	T	W	T	F	S
					1	2
3	4	5	6	7	8	9
10	11	12	13	14	15	16
17	18	19	20	21	22	23
24	25	26	27	28	29	30
31						

2 FEBRUARY

S	M	T	W	T	F	S
	1	2	3	4	5	6
7	8	9	10	11	12	13
14	15	16	17	18	19	20
21	22	23	24	25	26	27
28						

3 MARCH

S	M	T	W	T	F	S
	1	2	3	4	5	6
7	8	9	10	11	12	13
14	15	16	17	18	19	20
21	22	23	24	25	26	27
28	29	30	31			

4 APRIL

S	M	T	W	T	F	S
				1	2	3
4	5	6	7	8	9	10
11	12	13	14	15	16	17
18	19	20	21	22	23	24
25	26	27	28	29	30	

5 MAY

S	M	T	W	T	F	S
						1
2	3	4	5	6	7	8
9	10	11	12	13	14	15
16	17	18	19	20	21	22
23	24	25	26	27	28	29
30	31					

6 JUNE

S	M	T	W	T	F	S
		1	2	3	4	5
6	7	8	9	10	11	12
13	14	15	16	17	18	19
20	21	22	23	24	25	26
27	28	29	30			

7 JULY

S	M	T	W	T	F	S
				1	2	3
4	5	6	7	8	9	10
11	12	13	14	15	16	17
18	19	20	21	22	23	24
25	26	27	28	29	30	31

8 AUGUST

S	M	T	W	T	F	S
1	2	3	4	5	6	7
8	9	10	11	12	13	14
15	16	17	18	19	20	21
22	23	24	25	26	27	28
29	30	31				

9 SEPTEMBER

S	M	T	W	T	F	S
			1	2	3	4
5	6	7	8	9	10	11
12	13	14	15	16	17	18
19	20	21	22	23	24	25
26	27	28	29	30		

10 OCTOBER

S	M	T	W	T	F	S
					1	2
3	4	5	6	7	8	9
10	11	12	13	14	15	16
17	18	19	20	21	22	23
24	25	26	27	28	29	30
31						

11 NOVEMBER

S	M	T	W	T	F	S
	1	2	3	4	5	6
7	8	9	10	11	12	13
14	15	16	17	18	19	20
21	22	23	24	25	26	27
28	29	30				

12 DECEMBER

S	M	T	W	T	F	S
			1	2	3	4
5	6	7	8	9	10	11
12	13	14	15	16	17	18
19	20	21	22	23	24	25
26	27	28	29	30	31	

2022

1 JANUARY

S	M	T	W	T	F	S
						1
2	3	4	5	6	7	8
9	10	11	12	13	14	15
16	17	18	19	20	21	22
23	24	25	26	27	28	29
30	31					

2 FEBRUARY

S	M	T	W	T	F	S
		1	2	3	4	5
6	7	8	9	10	11	12
13	14	15	16	17	18	19
20	21	22	23	24	25	26
27	28					

3 MARCH

S	M	T	W	T	F	S
		1	2	3	4	5
6	7	8	9	10	11	12
13	14	15	16	17	18	19
20	21	22	23	24	25	26
27	28	29	30	31		

4 APRIL

S	M	T	W	T	F	S
					1	2
3	4	5	6	7	8	9
10	11	12	13	14	15	16
17	18	19	20	21	22	23
24	25	26	27	28	29	30

5 MAY

S	M	T	W	T	F	S
1	2	3	4	5	6	7
8	9	10	11	12	13	14
15	16	17	18	19	20	21
22	23	24	25	26	27	28
29	30	31				

6 JUNE

S	M	T	W	T	F	S
			1	2	3	4
5	6	7	8	9	10	11
12	13	14	15	16	17	18
19	20	21	22	23	24	25
26	27	28	29	30		

7 JULY

S	M	T	W	T	F	S
					1	2
3	4	5	6	7	8	9
10	11	12	13	14	15	16
17	18	19	20	21	22	23
24	25	26	27	28	29	30
31						

8 AUGUST

S	M	T	W	T	F	S
	1	2	3	4	5	6
7	8	9	10	11	12	13
14	15	16	17	18	19	20
21	22	23	24	25	26	27
28	29	30	31			

9 SEPTEMBER

S	M	T	W	T	F	S
				1	2	3
4	5	6	7	8	9	10
11	12	13	14	15	16	17
18	19	20	21	22	23	24
25	26	27	28	29	30	

10 OCTOBER

S	M	T	W	T	F	S
						1
2	3	4	5	6	7	8
9	10	11	12	13	14	15
16	17	18	19	20	21	22
23	24	25	26	27	28	29
30	31					

11 NOVEMBER

S	M	T	W	T	F	S
		1	2	3	4	5
6	7	8	9	10	11	12
13	14	15	16	17	18	19
20	21	22	23	24	25	26
27	28	29	30			

12 DECEMBER

S	M	T	W	T	F	S
				1	2	3
4	5	6	7	8	9	10
11	12	13	14	15	16	17
18	19	20	21	22	23	24
25	26	27	28	29	30	31

2023

1 JANUARY

S	M	T	W	T	F	S
1	2	3	4	5	6	7
8	9	10	11	12	13	14
15	16	17	18	19	20	21
22	23	24	25	26	27	28
29	30	31				

2 FEBRUARY

S	M	T	W	T	F	S
			1	2	3	4
5	6	7	8	9	10	11
12	13	14	15	16	17	18
19	20	21	22	23	24	25
26	27	28				

3 MARCH

S	M	T	W	T	F	S
			1	2	3	4
5	6	7	8	9	10	11
12	13	14	15	16	17	18
19	20	21	22	23	24	25
26	27	28	29	30	31	

4 APRIL

S	M	T	W	T	F	S
						1
2	3	4	5	6	7	8
9	10	11	12	13	14	15
16	17	18	19	20	21	22
23	24	25	26	27	28	29
30						

5 MAY

S	M	T	W	T	F	S
	1	2	3	4	5	6
7	8	9	10	11	12	13
14	15	16	17	18	19	20
21	22	23	24	25	26	27
28	29	30	31			

6 JUNE

S	M	T	W	T	F	S
				1	2	3
4	5	6	7	8	9	10
11	12	13	14	15	16	17
18	19	20	21	22	23	24
25	26	27	28	29	30	

7 JULY

S	M	T	W	T	F	S
						1
2	3	4	5	6	7	8
9	10	11	12	13	14	15
16	17	18	19	20	21	22
23	24	25	26	27	28	29
30	31					

8 AUGUST

S	M	T	W	T	F	S
		1	2	3	4	5
6	7	8	9	10	11	12
13	14	15	16	17	18	19
20	21	22	23	24	25	26
27	28	29	30	31		

9 SEPTEMBER

S	M	T	W	T	F	S
					1	2
3	4	5	6	7	8	9
10	11	12	13	14	15	16
17	18	19	20	21	22	23
24	25	26	27	28	29	30

10 OCTOBER

S	M	T	W	T	F	S
1	2	3	4	5	6	7
8	9	10	11	12	13	14
15	16	17	18	19	20	21
22	23	24	25	26	27	28
29	30	31				

11 NOVEMBER

S	M	T	W	T	F	S
			1	2	3	4
5	6	7	8	9	10	11
12	13	14	15	16	17	18
19	20	21	22	23	24	25
26	27	28	29	30		

12 DECEMBER

S	M	T	W	T	F	S
					1	2
3	4	5	6	7	8	9
10	11	12	13	14	15	16
17	18	19	20	21	22	23
24	25	26	27	28	29	30
31						

contents

1 January

Sun	Mon	Tue	Wed
——	——	——	——
——	——	——	——
——	——	——	——
——	——	——	——
——	——	——	——

Thu	Fri	Sat	Memo
_____	_____	_____	
_____	_____	_____	
_____	_____	_____	
_____	_____	_____	
_____	_____	_____	

떡국

재료(4인분)

- 가래떡 썬 것…400g
- 물…10컵(약 1,800ml)
- 소고기(양지 또는 사태)…⅔컵(100g)
- 간 마늘…1큰술
- 국간장…2큰술
- 꽃소금…½큰술
- 달걀…2개
- 대파…⅓대(40g)
- 참기름…1큰술
- 식용유…1큰술
- 후춧가루…약간

만드는 법

1

가래떡은 떡국용으로 어슷하게 썬 것으로 준비해 물에 20~30분 담가 불린다. 소고기는 작은 크기로 썬다. 대파는 동그랗게 썰어놓는다.

2

냄비에 참기름과 식용유를 1큰술씩 두르고 달군다. 소고기를 넣고 기름이 고루 배고 겉면이 하얗게 익게 볶는다.

3

소고기가 익으면 물을 붓고, 다시 끓어오르면 약불로 줄여 25분 정도 끓인다.

4

소고기국물에 불린 떡을 넣고 강불에서 끓인다. 떡이 부드럽게 익으면 간 마늘과 국간장을 넣어 맛을 내고 부족한 간은 꽃소금으로 맞춘다.

5

달걀은 풀어놓았다가 떡국이 끓으면 넣고 저어준다. 대파를 넣고 후춧가루를 뿌린 뒤 그릇에 담아낸다.

MEMO

MONDAY

☐

TUESDAY

☐

WEDNESDAY

☐

THURSDAY

☐

FRIDAY

☐

CHECK LIST

-
-
-
-
-
-

SATURDAY

☐

SUNDAY

☐

만능간장

재료

- 진간장…6컵
- 간 돼지고기…3컵
- 황설탕…1컵

*진간장 : 간 돼지고기 : 황설탕 = 6 : 3 : 1

만드는 법

① 냄비에 진간장 6컵을 넣은 뒤, 간 돼지고기 3컵, 황설탕 1컵을 넣는다.

② 불을 켜기 전에 고기와 황설탕을 잘 저어서 풀어준다.

③ 불을 켜고 중불에서 간장을 저어가며 끓이다가, 간장이 끓어오르면 5분 정도 더 끓인다.

④ 다 끓으면 불을 끄고 실온에서 식힌다. 간장 위에 뜬 지방이 보기 싫다면 걷어내고 사용한다.

Tip

- 끓인 만능간장은 실온에서 식힌 후 소독한 유리병이나 반찬용기에 넣어 냉장 보관한다. 냉장 보관 가능한 기간은 15~30일 정도이다.
- 간장과 고기의 비율은 현재 2:1이지만 취향에 따라 1:1로 해도 된다. 닭고기, 소고기도 사용 가능하다.

MEMO

MONDAY

TUESDAY

WEDNESDAY

THURSDAY

FRIDAY

SATURDAY

SUNDAY

CHECK LIST

우엉조림

만능간장

재료(4인분)

- 우엉채…3컵(180g)
- 청양고추…1개(10g)
- 만능간장…½컵(70g)
- 물…1컵(180ml)
- 황설탕…2½큰술
- 참기름…2큰술
- 간 생강…약간

만드는 법

1 우엉채는 미리 물에 담가
둔다. 청양고추는 0.3cm
두께로 어슷 썰고,
우엉채는 물에 헹군 뒤
7~8cm 길이로 썬다.

2 깊은 팬에 만능간장과
물을 넣는다.
양념물에 황설탕을 넣고
섞는다.

3 양념물을 잘 섞은 후
우엉채를 넣는다.
생강을 넣고 중불에서
국물이 반 이상 줄 때까지
조린다.

4 국물이 반 이상 줄면,
불을 끄고 청양고추를
넣은 후 잔열로 익힌다.

Tip

5 참기름을 넣고 잘 섞어서
마무리한다.

• 시판용 우엉채는 갈
변을 막기 위해 식초
물에 보관하기 때문
에 그대로 조리하면
신맛이 날 수 있으므
로 조리 전에 물에 담
가두거나 헹궈서 사
용하는 것이 좋다.

MEMO

MONDAY

☐

TUESDAY

☐

WEDNESDAY

☐

THURSDAY

☐

FRIDAY

☐

CHECK LIST

SATURDAY

☐

-
-
-
-
-
-

SUNDAY

☐

낙지볶음

재료(4인분)

- 낙지…3½마리(500g)
- 주키니 호박(또는 애호박) …약 ½개(140g)
- 당근…약 ½개(60g)
- 양파…약 ½개(140g)
- 대파…1½대(120g)
- 청양고추…4개(40g)
- 식용유…4큰술
- 간 마늘…2큰술
- 진간장…10큰술
- 설탕…4큰술
- 굵은 고춧가루…3큰술
- 고추장…1큰술
- 후춧가루…약간
- 물…½컵(약 60ml)
- 참기름…2큰술

만드는 법

1

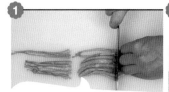

호박, 당근은 반달 모양으로 얇게 썰고, 양파는 3×3cm 크기로 썬다. 대파는 3cm 길이로 토막 내고, 청양고추는 굵게 토막 낸다. 낙지는 손질해 물에 헹군 뒤 6~7cm 길이로 썬다.

2

팬을 불에 올리고 식용유, 간 마늘을 넣어 볶아준다. 마늘향이 식용유에 배야 더 맛있는 낙지볶음을 할 수 있다.

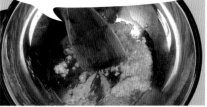

3

마늘향이 나면 진간장, 설탕, 굵은 고춧가루, 고추장, 후춧가루, 물을 넣는다. 양념이 타지 않도록 중불에서 섞어가며 끓인다.

4

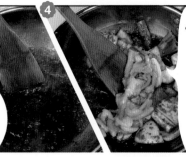

양념에 호박, 당근, 양파, 대파, 청양고추를 모두 넣고 재빨리 섞은 후 낙지를 넣고 강불에서 빨리 볶는다. 오래 볶으면 채소가 익어 물이 나오고 낙지가 질겨지므로 낙지가 익을 정도로만 볶는다.

Tip

낙지는 손질이 중요하다. 우선 머리를 조심스럽게 뒤집어 먹물주머니와 내장을 떼어낸다. 그릇에 담고 소금을 2~3큰술 뿌리고 거품이 일지 않을 때까지 바락바락 주물러 씻고, 다리를 훑어내려 빨판의 불순물까지 씻어낸다. 그런 다음 찬물에 여러 번 헹군다. 손질할 때 소금 대신 밀가루를 넣고 주물러 씻어도 된다.

5

낙지가 익으면 참기름을 섞고 불을 끈다.

MONDAY

☐

TUESDAY

☐

WEDNESDAY

☐

THURSDAY

☐

FRIDAY

☐

CHECK LIST

SATURDAY

☐

- •
- •
- •
- •
- •
- •

SUNDAY

☐

묵은지찌개

재료(4인분)

- 묵은지… $\frac{1}{4}$포기(약 670g)
- 국물용 멸치…1컵(약 35g)
- 간 마늘…1큰술
- 국간장…3큰술
- 들기름…4큰술
- 쌀뜨물…7컵(1,260ml)

만드는 법

묵은지는 소를 털어내고 물에 씻어서 준비한다. 국물용 멸치의 내장과 머리를 제거해 둔다.

냄비에 묵은지와 멸치를 넣고 쌀뜨물을 붓는다. 간 마늘과 들기름을 넣고 강불에서 끓인다.

가위로 김치의 끝부분을 잘라준다.

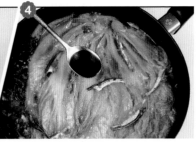

묵은지가 투명해질 때까지 끓인 후 국간장으로 간을 하여 완성한다.

Tip

• 묵은지 대신 총각김치를 같은 방법으로 끓여도 맛있다. 묵은지찌개를 육수라고 생각하고 국, 찌개, 라면 국물이나 수제비 국물로 활용하자. 단, 라면을 끓일 때는 국물에 기본 간이 있기 때문에 스프의 양을 조절해야 한다.

MEMO

CHECK LIST

-
-
-
-
-
-

MONDAY

☐

TUESDAY

☐

WEDNESDAY

☐

THURSDAY

☐

FRIDAY

☐

SATURDAY

☐

SUNDAY

☐

2 February

Sun	Mon	Tue	Wed
___	___	___	___
___	___	___	___
___	___	___	___
___	___	___	___
___	___	___	___

Thu	Fri	Sat	Memo
___	___	___	
___	___	___	
___	___	___	
___	___	___	
___	___	___	

북어채볶음

재료(4인분)

- 북어채⋯2컵(50g)
- 꽈리고추⋯12개(72g)
- 대파⋯1½대(150g)
- 간 마늘⋯½큰술
- 굴소스⋯1큰술
- 진간장⋯2큰술
- 황설탕⋯1큰술
- 식용유⋯3큰술

만드는 법

1

대파는 1.5cm 두께로 썰고, 꽈리고추는 2cm 두께로 썬다. 북어채는 가로로 3cm 길이로 먹기 좋게 자른 뒤, 볼에 물을 넣고 북어채를 넣어 잠깐 적신 후 바로 손으로 물기를 짠다. 이때 너무 오래 담그면 북어채가 물기를 흡수하게 되니 주의한다.

2

작은 볼에 굴소스, 진간장을 넣고 섞어서 간장양념장을 만든다.

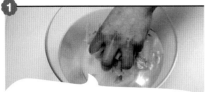

3

팬에 식용유를 넣고 대파, 간 마늘을 넣은 후 불에 올려 강불에서 대파가 노릇노릇하게 익을 때까지 볶아 파기름을 낸다.

4

파기름에 북어채를 넣고 북어채가 노릇노릇하게 익으면서 모양이 쪼그라들 때까지 저어가며 볶은 뒤, 황설탕을 넣고 윤기가 날 때까지 저어가며 볶는다.

Tip

- 북어채는 흡수력이 좋기 때문에 양념을 각각 넣으면 바로 흡수해 양념이 고루 섞이지 않는다. 양념을 미리 섞어두고 북어채에 한 번에 넣고 빨리 볶아줘야 양념이 고루 배고 간이 맞는다.

5

꽈리고추를 넣고 북어채에 꽈리고추 향이 배고 노릇노릇해질 때까지 저어가며 볶는다. 간장양념장을 넣고 빠르게 저어가며 섞어서 완성한다.

MEMO

MONDAY

TUESDAY

WEDNESDAY

THURSDAY

FRIDAY

CHECK LIST

SATURDAY

SUNDAY

만능간장

잡채

재료(4인분)

- 불린 당면…480g
- 불린 목이버섯…1컵(64g)
- 당근…1컵(40g)
- 양파…2컵(160g)
- 표고버섯…1컵(40g)
- 대파…1컵(60g)
  (야채 볶기 ½컵, 당면 볶기 ½컵)
- 만능간장… ½컵(100g)
- 식용유…4큰술
- 참기름…4큰술
- 간 마늘… 1½큰술
- 황설탕…2½큰술
- 후춧가루…약간
- 통깨…1큰술

만드는 법

1 당면은 미지근한 물에서 2~3시간 이상 불린 후 한 번 헹구고, 목이버섯도 물에 불려 준비한다. 대파는 0.3cm 두께로 송송 썰고, 크기가 큰 목이버섯은 반으로 자른다. 당근은 0.3cm 두께로 채 썰고, 양파와 표고버섯은 0.3cm 두께로 썬다.

2 넓은 팬에 식용유와 대파 ½컵을 넣고 불을 켠 후 강불에서 약간 노릇노릇해질 때까지 볶는다.

3 파기름에 당근, 양파, 표고버섯, 목이버섯을 넣고 섞는다. 후춧가루를 뿌리고 겹겹의 양파가 분리되고, 채소가 익어서 숨이 살짝 죽을 때까지 볶는다. 볶은 채소는 접시에 펼쳐 담아둔다.

4 넓은 팬에 대파 ½컵, 참기름 2큰술, 간 마늘을 넣고 볶는다. 파기름에서 거품이 살짝 나면 황설탕과 만능간장을 넣고 잘 섞는다.

5 설탕이 녹아 양념이 살짝 진득해질 때까지 볶은 뒤, 불려놓은 당면을 넣는다. 당면이 투명한 빛이 돌 때까지 볶는다.

6 불을 끄고 당면이 담긴 팬에 볶아둔 채소를 넣고 섞는다. 참기름 2큰술과 통깨를 뿌리고 잘 섞은 뒤 마무리한다.

MEMO

MONDAY

☐

TUESDAY

☐

WEDNESDAY

☐

THURSDAY

☐

FRIDAY

☐

CHECK LIST

SATURDAY

☐

-
-
-
-
-
-

SUNDAY

☐

무밥

재료(4인분)
- 불린 쌀…4컵(500g)
- 마른 표고버섯…3개(15g)
- 무…3컵(330g)
- 물…3컵(540ml)

양념장
- 대파…½대(50g)
- 청양고추…2개(20g)
- 홍고추…½개(5g)
- 간 마늘…½큰술
- 진간장…⅔컵(135ml)
- 황설탕…1큰술
- 참기름…1큰술
- 깨소금…1½큰술

만드는 법

1 마른 표고버섯은 30분 이상 물에 불린다.

2 물에 불린 표고버섯을 0.5cm 두께로 썰고, 무는 채칼로 가늘게 채 썬다.

3 전기압력밥솥에 불린 쌀과 무를 넣는다. 무 위에 버섯을 올리고 물을 부어 밥을 짓는다.

4 대파, 청양고추, 홍고추를 길게 반으로 가른 후 0.3cm 두께로 얇게 썰어 볼에 넣는다. 간 마늘, 황설탕, 깨소금, 참기름, 진간장을 섞어서 양념장을 만든다.

5 무밥이 완성되면 주걱으로 뒤섞은 후 그릇에 담고, 양념장과 함께 낸다.

Tip

•무밥의 핵심은 물 조절이다. 무처럼 수분이 많은 채소를 함께 넣고 밥을 할 때는 평소보다 물을 적게 넣어야 한다는 것을 잊지 말자.

MEMO

MONDAY

TUESDAY

WEDNESDAY

THURSDAY

FRIDAY

CHECK LIST

SATURDAY

-
-
-
-
-
-

SUNDAY

고사리볶음

재료

- 고사리…200g
- 대파…20g
- 쌀뜨물…½컵(약 90ml)
- 들기름…2큰술
- 간 마늘…1큰술
- 국간장…2큰술
- 설탕…½큰술
- 꽃소금…½큰술
- 통깨…½큰술

만드는 법

1

고사리는 물에 불린 것으로 구입해 여러 번 씻어 물기를 짜고 6~7cm 길이로 썬다. 대파는 작은 크기로 동그랗게 썬다.

2

오목한 팬에 들기름, 간 마늘을 넣고 볶는다.

3

마늘향이 나면 고사리를 넣는다. 고사리에 기름향이 스며들게 볶는다.

4

쌀뜨물을 넣고 약불에서 볶는다. 쌀뜨물이 없다면 물을 붓고 볶아도 된다.

Tip

말린 고사리는 물에 여러 번 헹궈 이물질과 먼지를 제거한 뒤 물에 담가 불린다. 부드럽게 불면 다시 끓는 물에 데친 뒤 찬물에 담가 두어야 독성도 쓴맛도 빠진다.

5

국간장, 설탕, 꽃소금을 넣고 섞어가며 볶는다. 냄비 뚜껑을 덮어 2~3분 정도 둔다. 대파와 통깨를 넣고, 섞어준 후 불을 끈다.

MEMO

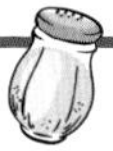

MONDAY

TUESDAY

WEDNESDAY

THURSDAY

FRIDAY

CHECK LIST

-
-
-
-
-
-

SATURDAY

SUNDAY

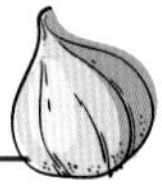

호박죽

재료(4인분)

- 단호박…⅘개(720g) (또는 늙은 호박 840g)
- 팥…2큰술(약 40g)
- 찹쌀가루…2큰술
- 물…4컵(약 720ml) (믹서용 3컵, 찹쌀가루용 1컵)
- 설탕…3큰술
- 꽃소금…½큰술

만드는 법

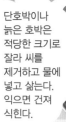

1 단호박이나 늙은 호박은 적당한 크기로 잘라 씨를 제거하고 물에 넣고 삶는다. 익으면 건져 식힌다.

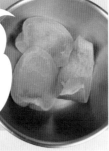

2 팥은 깨끗이 씻어 물을 붓고 팥알이 터지지 않을 정도로 삶은 뒤 체에 밭쳐 식힌다.

3 삶은 호박은 껍질을 벗기고 작은 크기로 썬 뒤 믹서기에 넣고 물 3컵을 부어 곱게 간다. 믹서기에 간 호박을 냄비에 붓고 약불에 올려 나무주걱으로 저어가며 끓이기 시작한다.

4 찹쌀가루와 물 1컵을 그릇에 담고 덩어리 없이 푼다. 고운체에 걸러서 풀어도 좋다.

5 호박물이 끓기 시작하면 찹쌀가루 푼 것을 넣고 저어가며 끓인다. 찹쌀이 익으면서 투명한 노란색이 되면 삶아놓은 팥을 넣고 바닥이 눋지 않게 저어가며 끓인다.

6 설탕과 꽃소금을 넣어 간을 맞추고 불에서 내려 그릇에 담아낸다.

MONDAY

TUESDAY

WEDNESDAY

THURSDAY

FRIDAY

CHECK LIST

-
-
-
-
-
-

SATURDAY

SUNDAY

3 March

Sun	Mon	Tue	Wed
——	——	——	——
——	——	——	——
——	——	——	——
——	——	——	——
——	——	——	——

Thu	Fri	Sat	Memo
___	___	___	
___	___	___	
___	___	___	
___	___	___	
___	___	___	

중국식 볶음밥

재료(2인분)

- 달걀…3개
- 밥…2공기(400g)
- 대파…1컵(60g)
- 당근…2큰술(30g)
- 진간장…1큰술

- 꽃소금…약간
- 후춧가루…약간
- 참기름…½큰술
- 식용유…¼컵(45ml)

만드는 법

1 밥은 미리 접시에 펴서 식혀두고, 달걀은 볼에 깨둔다. 대파는 0.3cm 두께로 얇게 썰고, 당근은 사방 0.3cm 두께로 사각형으로 썬다.

2 넓은 팬에 식용유와 대파를 넣고 불을 켠 후 강불에서 볶아 파기름을 낸다. 익은 대파를 한쪽으로 밀고, 빈 공간에 깨둔 달걀을 넣는다.

3 스크램블을 만들듯 주걱으로 달걀을 저으며 골고루 익힌다. 당근을 파기름 위에 올린 후 섞으며 볶는다.

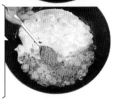

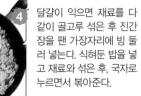

4 달걀이 익으면 재료를 다 같이 골고루 섞은 후 진간장을 팬 가장자리에 빙 둘러 넣는다. 식혀둔 밥을 넣고 재료와 섞은 후, 국자로 누르면서 볶아준다.

• 중국식볶음밥의 핵심은 기름 코팅이 된 살아 있는 밥알이다. 이를 위해서는 반드시 밥을 식혀서 사용해야 한다. 밥을 넓은 접시에 펴서 식히면 된다. 만약 시간이 없다면, 밥을 냉동실에 살짝 넣어서 식히자.

5 후춧가루를 살짝 뿌리고, 꽃소금으로 간을 맞춘다. 참기름을 살짝 넣고 섞어서 완성한다.

MEMO

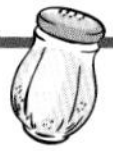

MONDAY

TUESDAY

WEDNESDAY

THURSDAY

FRIDAY

CHECK LIST

-
-
-
-
-
-

SATURDAY

SUNDAY

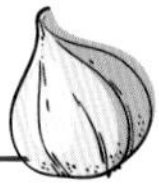

콩나물 불고기

재료(4인분)

- 콩나물…6컵(420g)
- 대패삼겹살…470g
- 대파…2대(200g)
- 양파…1개(250g)
- 새송이버섯…1개(40g)
- 깻잎…8장(16g)
- 통깨…1큰술

만능닭갈비소스

- 진간장…½컵
- 맛술…½컵
- 황설탕…½컵
- 굵은 고춧가루…½컵
- 고추장…½컵
- 간 마늘…½컵

만드는 법

1
대패삼겹살은 크기가
큰 것을 반으로 갈라
준비한다.
양파는 0.5cm 두께로 썰고,
대파는 5cm 길이로 썬다.
깻잎은 길게 반 갈라
2cm 길이로 썰어 뭉치지
않게 풀어둔다.
새송이버섯은 두께 0.5cm,
길이 6cm로 어슷 썬다.

2
볼에 진간장, 맛술, 황설탕, 굵은 고춧가루,
고추장, 간 마늘을 섞어 만능닭갈비소스를
만든다.

3
넓은 팬에 콩나물을
수북히 쌓는다.
콩나물 위에 대파,
양파, 새송이버섯,
대패삼겹살, 깻잎을
순서대로 올린다.

4

미리 만들어둔 만능닭갈비소스를 붓고
통깨를 뿌린 후 약불에서 끓이다가 채소
에서 수분이 나오기 시작하면 중불로 끓
인다.

5

국물이 자작하게
끓으면 불을 약불로
줄인다. 약불로
끓이면서 양념을
잘 섞고 고기를
먹기 좋은 크기로
자르며 먹는다.

MEMO

MONDAY

TUESDAY

WEDNESDAY

THURSDAY

FRIDAY

CHECK LIST

-
-
-
-
-
-

SATURDAY

SUNDAY

명란
달걀말이

재료(2인분)

- 달걀…5개
- 명란…1줄
- 쪽파…1대(10g)
- 황설탕…약간
- 식용유…1½큰술

만드는 법

① 명란은 가위를 이용해 길게 반으로 자른다. 쪽파는 0.5cm 두께로 송송 썬다. 볼에 달걀을 넣고 황설탕을 넣은 후 젓가락으로 저어 달걀을 곱게 푼다.

② 팬에 식용유를 넣고 불에 올린 후 키친타월을 접어 식용유를 얇고 고르게 펴준다. 달걀물을 세 번에 나눠서 부을 양을 가늠한 후 약불에서 ⅓ 양의 달걀물을 넣고, 넓고 얇게 펼친다.

③ 달걀물이 익으면 뒤집개와 젓가락을 이용해 한쪽 끝부터 두세 번 말아준다. 달걀 위에 명란을 올리고 그 위에 쪽파를 넣는다. 명란과 쪽파를 넣은 쪽으로 감싸듯이 접어준 후 천천히 말아준다.

④ 달걀말이를 팬 위쪽으로 옮기고 키친타월에 묻어 있는 식용유를 팬 바닥에 발라준다. 말려 있는 달걀말이 끝부분에 ⅓ 양의 달걀물을 이어서 넣는다. 같은 방법으로 천천히 돌돌 말아준다.

⑤ 마지막 ⅓ 양의 달걀물을 넣고 같은 방법으로 천천히 말아준 후 달걀말이를 세워 양 옆면도 노릇하게 익힌다.

⑥ 달걀말이를 팬에서 꺼내 먹기 좋은 크기로 잘라서 완성한다.

MEMO

MONDAY

TUESDAY

WEDNESDAY

THURSDAY

FRIDAY

CHECK LIST

SATURDAY

SUNDAY

냉이된장국

재료(4인분)

- 냉이…2컵(60g)
- 멸치가루…4큰술
- 대파…1컵(60g)
- 청양고추…4개(40g)
- 된장…4큰술
- 간 마늘…2큰술
- 쌀뜨물…8컵(1,440ml)

만드는 법

1 냉이의 뿌리를 칼로 긁어서 잔뿌리와 흙을 제거하고, 시든 잎을 떼어낸다. 뿌리가 굵은 냉이는 반으로 가른다.

2 손질한 냉이를 물에 30분 정도 담가두었다가 흙이 가라앉으면 흐르는 물에 씻는다.

3 준비된 냉이를 5cm 길이로 먹기 좋게 썬다. 대파는 0.5cm 두께로, 청양고추는 0.3cm 두께로 얇게 썬다.

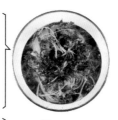

4 냄비에 쌀뜨물, 된장, 멸치가루를 넣고 강불에서 끓이면서 된장을 잘 풀어준다.

Tip
· 멸치가루는 국물용 멸치의 내장과 머리를 제거하고 식용유 없이 팬에서 살짝 볶은 뒤 식혀 믹서기로 곱게 갈아 만든다. 멸치가루는 밀폐용기에 담아 냉장 또는 냉동 보관하여 두고 사용할 수 있다.

5 국물이 끓어오르면 대파, 청양고추, 간 마늘을 넣는다. 냉이를 넣고 국물이 충분히 우러나면 불을 끈다.

44

MONDAY

☐

TUESDAY

☐

WEDNESDAY

☐

THURSDAY

☐

FRIDAY

☐

CHECK LIST

·

·

·

·

·

·

SATURDAY

☐

SUNDAY

☐

김치전

재료(4인분)

- **김치**…4컵(520g)
- **부침가루**…1½컵(165g)
- **물**…1컵(180ml)
- **고운 고춧가루**…1큰술
- **식용유**…6큰술

만드는 법

볼에 김치를 담고 가위로 2cm 길이로 자른다.

김치가 담긴 볼에 부침가루를 넣는다. 그 뒤 고운 고춧가루를 넣어 색감을 더한다.

반죽에 물을 붓고 잘 섞는다. 반죽의 색깔과 농도를 확인하고 물이나 고운 고춧가루를 더한다. 반죽은 약간 진 것이 좋다.

넓은 팬에 식용유를 두르고 강불로 뜨겁게 달군다. 달궈진 팬에 반죽을 1~2 국자 넣고 얇게 편 후 중불로 줄인 후 튀기듯이 부친다.

Tip

- 달걀은 비린 맛을 낼 수 있기 때문에 넣지 않는 것이 좋다. 삶은 오징어, 간 돼지고기, 참치캔 등을 추가해도 좋다. 이때 추가 재료의 양은 김치의 3분의 1정도가 적당하다.

한쪽 면이 익으면 뒤집개로 김치전을 살짝 들어서 기름을 안쪽으로 넣은 후 뒤집어서 먹기 좋게 익혀 완성한다.

MEMO

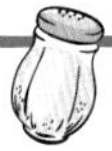

MONDAY

TUESDAY

WEDNESDAY

THURSDAY

FRIDAY

CHECK LIST

SATURDAY

SUNDAY

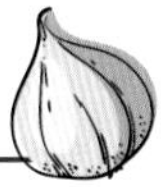

4 April

Sun	Mon	Tue	Wed
——	——	——	——
——	——	——	——
——	——	——	——
——	——	——	——
——	——	——	——

Thu	Fri	Sat	Memo
_____	_____	_____	
_____	_____	_____	
_____	_____	_____	
_____	_____	_____	
_____	_____	_____	

만능된장

재료

- **된장**…5큰술
- **통깨**…5큰술
- **간 마늘**…1큰술
- **황설탕**…$\frac{1}{2}$큰술
- **참기름**…2큰술

*된장 : 통깨 : 간 마늘 = 5 : 5 : 1

만드는 법

통깨를 갈아서 고소한 향을 살린다.

볼에 된장, 간 마늘, 갈아놓은 깨를 넣는다.

황설탕과 참기름을 넣는다.

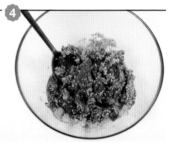

재료를 잘 섞는다.

- 만능된장은 밀폐용기에 담아 냉장 보관하면 2~3주 정도 두고 먹을 수 있다.
- 집된장은 시판용 된장보다 염도가 더 높을 수 있으니 주의하자.

MONDAY

☐

TUESDAY

☐

WEDNESDAY

☐

THURSDAY

☐

FRIDAY

☐

CHECK LIST

SATURDAY

☐

SUNDAY

☐

만능된장

달래무침

재료(4인분)
- 달래…2컵(60g)
- 만능된장…1큰술(25g)

만드는 법

① 달래를 4cm 길이로 썬다.

② 볼에 썬 달래를 담는다.

③ 달래가 담긴 볼에 만능된장을 넣는다.

④ 볼에 담긴 달래에 양념이 잘 배도록 무쳐서 완성한다.

MONDAY

☐

TUESDAY

☐

WEDNESDAY

☐

THURSDAY

☐

FRIDAY

☐

CHECK LIST

SATURDAY

☐

SUNDAY

☐

양파캐러멜 카레

재료(4인분)

- 시판용 **카레가루**… 1봉지 (100g)
- **소고기**(불고기용)…270g
- **양파**…2개(500g)
- **감자**…1½ 개(225g)
- **당근**… ½ 개(135g)
- **물**…4컵(720ml)
- **식용유**… ½ 컵(90ml)
- **후춧가루**…약간

만드는 법

1

감자와 당근은 두께 0.3cm, 길이 3cm로 채 썬다. 소고기는 3cm 길이로 얇게 썰고, 양파는 0.3cm 두께로 썬다.

2

깊은 팬에 식용유를 두르고 양파와 후춧가루를 넣은 후, 중불에서 양파가 옅은 캐러멜색이 될 때까지 볶는다.

3

양파가 옅은 캐러멜색으로 익으면 소고기를 넣는다. 채 썬 감자와 당근도 함께 넣고 볶는다.

4

건더기가 어느 정도 익으면 카레 봉지에 적힌 양을 참고해 물을 넣는다. 중불에서 육수가 충분히 우러나와 국물이 옅은 캐러멜색이 될 때까지 끓인다.

5

카레가루를 넣고 잘 풀어준 후 불을 끄고 마무리한다.

MEMO

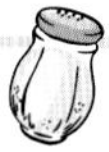

MONDAY

TUESDAY

WEDNESDAY

THURSDAY

FRIDAY

CHECK LIST

SATURDAY

SUNDAY

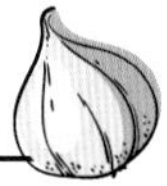

미역국

재료(4인분)
- 마른 미역…12g
- 물…8컵 (약 1,440ml)
- 간 마늘…½큰술
- 국간장…1큰술
- 꽃소금…적당량

만드는 법

1

마른 미역은 물에 담가 불린다. 불린 미역은 헹구어 건진 뒤 물기를 꼭 짜고 3~4cm 길이로 썬다.

2

냄비에 물을 붓고 미역을 넣어 강불에서 끓인다. 국물이 끓어오르면 중불로 줄여 끓인다.

3

20분간 끓으면 간 마늘을 넣고 국간장을 넣는다.

4

미역이 부드러워지면 꽃소금으로 간을 맞춘다.

Tip · 미역을 참기름에 볶다가 물을 붓고 끓이면 고소한 맛이 나고 국물도 뽀얗게 우러난다. 또 찬물에 미역과 다시마를 넣고 끓이다가 다시마를 건져내면 국물맛이 더 좋다. 미역국은 오래 끓일수록 깊은 맛이 난다. 중불이나 약불에서 1시간 이상 끓이면 된다.

MONDAY

TUESDAY

WEDNESDAY

THURSDAY

FRIDAY

SATURDAY

SUNDAY

달걀장조림

재료

- **달걀**…10개
  (물 약 14컵(2.5L) + 꽃소금 1큰술
  + 식초 2큰술)
- **마늘**…20개(100g)
- **꽈리고추**…약 17개(100g)
- **물**…6컵(약 1,080ml)
- **진간장**…2컵(약 360ml)
- **설탕**…8큰술
- **물엿**…6큰술
- **캐러멜**…2큰술

~~~~~ 만드는 법 ~~~~~

1

마늘은 얇게 썬다. 달걀은 끓는 물 약 14컵에 꽃소금, 식초를 넣고 삶아 찬물에 식힌 뒤 껍질을 벗겨놓는다. 꽈리고추는 꼬지를 이용해 3~4번 찔러 구멍을 낸다.

2

냄비에 물 6컵, 진간장, 설탕, 물엿, 캐러멜을 넣고 끓인다. 끓는 간장물에 마늘을 넣어 1~2분 삶아 건져 간장물에 마늘향이 배게 한다.

3
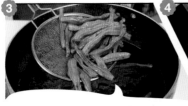

간장물이 다시 끓으면 꽈리고추를 넣어 2~3분 삶아 건진다. 꽈리고추는 오래 삶으면 색이 변하고 질겨지므로 살짝 익으면 건진다.

4

간장물에 달걀을 넣고 중불에서 30분간 끓인다. 중간중간 달걀을 굴려주어 간이 고루 배게 한다. 달걀에 갈색이 나면 불을 끄고 식힌다.

• 간장물을 끓이다가 마늘과 꽈리고추를 데쳐내면, 간장물에 마늘과 꽈리고추의 향이 배어 훨씬 감칠맛 나는 달걀장조림이 된다. 달걀을 먼저 조리다가 거의 완성되었을 때 마늘과 꽈리고추를 넣어도 되는데, 이때는 너무 오래 조리하지 않도록 해야 한다. 마늘과 꽈리고추가 너무 익으면 짠맛이 강해지고, 씹는 질감도 색감도 떨어진다.

5

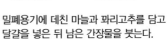

밀폐용기에 데친 마늘과 꽈리고추를 담고 달걀을 넣은 뒤 남은 간장물을 붓는다.

MONDAY

TUESDAY

WEDNESDAY

THURSDAY

FRIDAY

SATURDAY

SUNDAY

5 May

Sun	Mon	Tue	Wed
____	____	____	____
____	____	____	____
____	____	____	____
____	____	____	____
____	____	____	____

Thu	Fri	Sat	Memo
———	———	———	
———	———	———	
———	———	———	
———	———	———	
———	———	———	

롤토스트

재료(4인분)

- 식빵…12장
- 달걀…3개
- 우유…⅕컵(36㎖)
- 딸기잼…8큰술
- 버터…50g
- 황설탕…2큰술
- 계핏가루…약간

만드는 법

볼에 달걀과 우유를 넣고 잘 섞는다.
식빵 모서리를 사방 1cm 폭으로 잘라낸다.

밀대나 병으로 빵을 밀어서 납작하게 만들고
딸기잼을 골고루 펴 바른다. 딸기잼이 발린
빵을 돌돌 만다.

돌돌 만 빵을 달걀물에 넣고 흠뻑 적신다.

넓은 팬에 버터를
약불에서 녹인다.
빵을 팬에 올려
굴려가며
노릇노릇하게
굽는다.

• 과정 ❶번에서 달걀과 우유
는 달걀 : 우유 = 4 : 1의 비
율로 섞으면 된다.

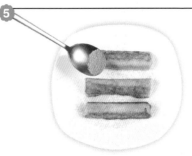

볼에 황설탕과 계핏가루를 넣고 섞어 설탕가루를 만든다.
완성된 롤토스트 위에 설탕가루를 뿌려서 완성한다.

MONDAY

☐

TUESDAY

☐

WEDNESDAY

☐

THURSDAY

☐

FRIDAY

☐

CHECK LIST

SATURDAY

☐

SUNDAY

☐

돼지고기 김치찌개

재료(4인분)

- 돼지고기(목살)…1컵(130g)
- 김치…3컵(390g)
- 쌀뜨물…2⅖컵(480ml)
- 청양고추…2개(20g)
- 대파…⅗대(약 70g)
- 간 마늘…1큰술
- 굵은 고춧가루…1큰술
- 고운 고춧가루…½큰술
- 국간장…1큰술
- 새우젓…1큰술

만드는 법

1
대파는 1cm 두께로, 청양고추는 0.3cm 두께로 송송 썬다. 돼지고기는 두께 1.5cm, 길이 5cm로 썬다.

2
냄비에 돼지고기를 넣고 쌀뜨물을 붓는다. 불을 켜고 중불에서 돼지고기가 익을 때까지 끓여서 육수를 만든다.

3
돼지고기를 우려낸 국물에 김치를 넣은 후 대파, 청양고추, 간 마늘을 넣는다.

4
굵은 고춧가루와 고운 고춧가루를 넣어 색감을 낸다. 국간장을 넣어 향을 살리고, 새우젓을 넣어 간을 맞춘다.

5
김치가 푹 익을 때까지 중불로 끓여서 완성한다.

Tip • 김치와 돼지고기의 비율은 3:1로 하였다. 이는 취향에 따라 조정할 수 있다.
찌개의 간은 '국간장＋새우젓'이나 '국간장＋소금', '김치국물＋소금' 등
두 가지를 섞어서 하는 것이 좋다. 여기서는 국간장과 새우젓을 사용했다.

MEMO

MONDAY

TUESDAY

WEDNESDAY

THURSDAY

FRIDAY

CHECK LIST

SATURDAY

SUNDAY

꽈리고추 조림

재료(4인분)
- 꽈리고추…7개(42g)
- 청양고추…1개(10g)
- 만능간장… ½컵(50g)
- 물… ¼컵(45ml)

만드는 법

1 꽈리고추의 꼭지를 따둔다. 꼭지를 딴 꽈리고추는 2cm 길이로 썰고, 청양고추는 0.3cm 두께로 송송 썬다.

2 뚝배기에 꽈리고추와 청양고추를 담는다.

3 고추가 담긴 뚝배기에 만능간장을 넣는다.

4 물을 넣은 후 불을 켜고 끓인다.

5 꽈리고추가 익어서 고추의 매콤한 향이 우러나올 때까지 끓여서 완성한다.

• 물을 넣지 않고 만능간장만 넣고 조리면 맛이 짜다. 짠 맛의 꽈리고추조림은 누룽지나 물에 만 밥과 잘 어울린다. 그러나 평범한 맨밥과 함께 먹을 반찬이라면 물을 넣고 조려야 염도가 맞다.

MEMO

MONDAY

☐

TUESDAY

☐

WEDNESDAY

☐

THURSDAY

☐

FRIDAY

☐

CHECK LIST

SATURDAY

☐

SUNDAY

☐

소고기튀김 덮밥

재료(4인분)

- **소고기**(불고기용)···360g
- **밥**···4공기(800g)
- **쪽파**···4대(40g)
- **튀김가루**···1½컵(약 133g)
- **꽃소금**···약간
- **후춧가루**···약간
- **식용유**···1통(1.8L)

소스

- **우스터소스**···1큰술
- **진간장**···¼컵(45ml)
- **황설탕**···1½큰술
- **식초**···3큰술
- **맛술**···3큰술

만드는 법

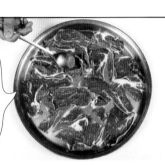

1

쪽파는 0.5cm 두께로 송송 썬다. 소고기는 한 장씩 떼어서 넓은 그릇에 펼쳐놓고 꽃소금과 후춧가루로 밑간을 한다.

2

진간장, 식초, 맛술, 황설탕, 우스터소스를 섞어 소스를 만든다.

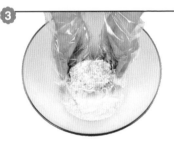

3

넓은 볼에 튀김가루를 넣고, 양손으로 소고기에 튀김가루를 골고루 입힌다.

4

깊은 팬에 식용유를 붓고 강불에서 달궈준다. 튀김가루를 묻힌 소고기를 손으로 넓게 펴서 달군 식용유에 넣고 바삭하게 튀겨낸다.

5

그릇에 밥을 담고, 소고기튀김을 올린 후 쪽파와 소스를 골고루 뿌려서 완성한다.

MEMO

MONDAY

TUESDAY

WEDNESDAY

THURSDAY

FRIDAY

SATURDAY

SUNDAY

CHECK LIST

-
-
-
-
-
-

만능간장

숙주볶음

재료(4인분)

- 숙주…3컵(210g)
- 대파…2큰술(14g)
- 만능간장…¼컵(50g)
- 식용유…5큰술
- 식초…1큰술

만드는 법

1 대파는 0.3cm 두께로 얇게 썬다.
숙주는 깨끗이 씻어 물기를 빼둔다.

2 넓은 팬에 식용유와 대파를 넣고 불을 켠후 강불에서 대파가 노릇노릇해질 때까지 볶는다.

3 대파가 노릇노릇해지면 숙주를 넣는다.
숙주에 식초를 넣어 비린 맛을 잡는다.

4 숙주에 만능간장을 돌려가며 고루 넣는다.

5 숙주를 만능간장과 섞어가며
빠르게 볶은 후 바로 낸다.

 • 초스피드로 완성할 수 있는 만능간장 볶음이다. 설익은 숙주의 비린 냄새는 식초가 잡아주니 걱정하지 말고 빠르게 볶아 내자. 숙주볶음은 접시에 담은 후에도 계속 숨이 죽으니 먹기 직전에 조리하는 것이 좋다.

MONDAY

TUESDAY

WEDNESDAY

THURSDAY

FRIDAY

CHECK LIST

SATURDAY

SUNDAY

6 June

Sun	Mon	Tue	Wed
____	____	____	____
____	____	____	____
____	____	____	____
____	____	____	____
____	____	____	____

Thu	Fri	Sat	Memo
____	____	____	
____	____	____	
____	____	____	
____	____	____	
____	____	____	

도토리묵 무침

재료(4인분)

- 도토리묵…1모(410g)
- 오이…80g
- 실파…18g
- 풋고추…10g
- 홍고추…10g
- 상추…20g
- 쑥갓…18g
- 깻잎…4g
- 간 마늘…1큰술
- 진간장…5큰술
- 설탕…1큰술
- 굵은 고춧가루…1큰술
- 깨소금…1큰술
- 참기름…2큰술

만드는 법

도토리묵은 길게 반으로 썰어 다시 4×5cm 크기, 1cm 두께로 썬다.

넓은 볼에 간 마늘, 진간장, 설탕, 굵은 고춧가루, 깨소금을 담고, 섞어 양념장을 만든다.

오이는 길게 반 갈라 얇게 썰고, 실파는 4cm 길이로 썰고, 고추는 어슷하게 썬다. 상추, 쑥갓, 깻잎은 2cm 폭으로 썬다.

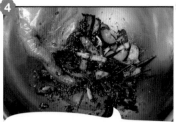

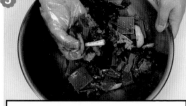

양념장에 오이, 실파, 고추를 넣고 채소와 양념을 섞어서 채소에 양념이 묻게 한다.

도토리묵과 상추, 쑥갓, 깻잎을 넣고 참기름을 넣는다. 도토리묵과 채소가 으깨지지 않게 섞는다.

Tip

- 도토리묵무침은 차게 먹는 음식이지만, 묵이 너무 단단하게 굳었으면 끓는 물에 살짝 데쳐 말랑해지면 찬물에 헹궈서 썬다. 도토리묵을 무칠 때는 식초를 넣어야 묵의 떫은맛이 나지 않는다. 무칠 때는 양념장에 단단한 채소를 먼저 무친 뒤 부드러운 묵과 잎채소를 넣어 가볍게 버무려야 묵도 채소도 으깨지지 않는다.

MONDAY

TUESDAY

WEDNESDAY

THURSDAY

FRIDAY

SATURDAY

SUNDAY

고등어 김치찜

재료(4인분)

- 김치…2컵(260g)
- 고등어통조림…1캔(400g)
- 양파…1개(250g)
- 대파…⅓대(약 70g)
- 청양고추…3개(30g)
- 물…통조림 1캔 양(410ml)
- 간 마늘…1큰술
- 된장…1큰술
- 굵은 고춧가루…3큰술
- 진간장…2큰술
- 황설탕…1큰술

만드는 법

1

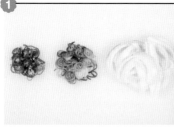

청양고추와 대파는 0.3cm 두께로 얇게 썰고, 양파는 0.5cm 두께로 썬다.

2

깊은 팬에 김치를 먼저 깐다. 김치 위에 통조림 고등어를 국물까지 통째로 붓는다.

3

젓가락으로 고등어를 반으로 가르고 가시를 발라낸다. 고등어의 살 부분이 아래로 가도록 뒤집은 후 불을 켠다.

4

고등어 위에 썰어둔 양파를 올리고 황설탕, 간 마늘, 굵은 고춧가루, 된장을 넣은 뒤 진간장으로 간을 한다.

5

대파와 청양고추를 넣은 후 통조림 1캔 분량의 물을 붓고 끓인다. 국물이 졸아들어 고등어에 간이 밸 때까지 중불로 끓여 완성한다.

MONDAY

☐

TUESDAY

☐

WEDNESDAY

☐

THURSDAY

☐

FRIDAY

☐

CHECK LIST

SATURDAY

☐

SUNDAY

☐

콩나물전

재료(2인분)

- 콩나물…1½컵(105g)
- 청양고추…2개(20g)
- 부침가루…1큰술
- 간 마늘…½큰술
- 새우젓…½큰술
- 식용유…2큰술
- 물…¼컵(45ml)

만드는 법

1 콩나물은 깨끗이 씻어 체에 밭쳐 물기를 뺀다. 청양고추는 0.3cm 두께로 송송 썬다.

2 볼에 콩나물, 간 마늘, 새우젓, 청양고추, 물, 부침가루를 넣고 재료가 잘 섞이도록 손으로 버무린다.

3 팬을 불에 올리고 식용유를 넣은 후 콩나물 반죽을 작고 동그랗게 타래를 지어 팬에 올린다.

4 콩나물 타래 반죽이 타지 않도록 약불로 줄인 후 노릇노릇하게 구워지면 뒤집개와 젓가락을 이용해 뒤집는다.

5 앞뒤로 노릇하고 바삭하게 구워서 완성한다.

Tip

•물은 부침가루와 콩나물이 잘 버무려질 정도로만 넣어야 한다. 부침가루가 없을 경우에는 밀가루를 넣어도 되지만 밀가루는 간이 되어 있지 않으므로 꽃소금과 새우젓을 조금 더 넣어 간을 맞추는 것이 좋다.

MONDAY

☐

TUESDAY

☐

WEDNESDAY

☐

THURSDAY

☐

FRIDAY

☐

CHECK LIST

SATURDAY

☐

SUNDAY

☐

비빔국수

재료(4인분)

- 건소면…400g
- 물…11컵(1,980ml)
- 김치…2¾컵(약 350g)
- 황설탕…2큰술
- 진간장…4큰술

- 고추장…2큰술
- 굵은 고춧가루…2큰술
- 조미 김가루…1컵
- 참기름…1½큰술

만드는 법

① 손으로 소면을 쥐어 조리할 분량을 준비해 둔다. 500원짜리 동전 크기 정도로 잡으면 1인분이다.

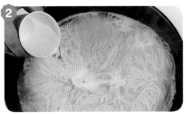

② 깊은 냄비에 물 10컵을 넣고 팔팔 끓인 후 소면을 펼쳐서 넣는다. 젓가락으로 저어 소면이 물에 잠기도록 풀어준다. 물이 끓어오르면 냉수 ½컵을 붓고 젓가락으로 저으며 계속 끓인다.

③ 물이 두 번째로 끓어오르면 다시 냉수 ½컵을 붓고 젓가락으로 저으며 끓인다. 물이 세 번째로 끓어오르면 불을 끄고, 체로 소면을 건져낸다.

④ 건져낸 소면을 찬물에서 빨듯이 강하게 비벼 전분을 제거하고 체에 밭쳐둔다.

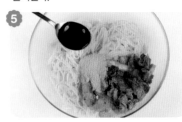

⑤ 볼에 김치를 넣고 가위로 1.5cm 길이로 자른 뒤 삶은 소면을 넣는다. 황설탕과 진간장을 넣고 섞는다.

⑥ 고추장을 넣고 잘 비비고, 굵은 고춧가루를 넣어 색감을 더한다. 참기름을 넣어 향과 윤기를 더한 뒤 비빔국수를 그릇에 담고 김가루를 뿌려 마무리한다.

MEMO

MONDAY

☐

TUESDAY

☐

WEDNESDAY

☐

THURSDAY

☐

FRIDAY

☐

CHECK LIST

-
-
-
-
-
-

SATURDAY

☐

SUNDAY

☐

만능된장

멸치강된장

재료(4인분)
- 국물용 멸치…13마리(30g)
- 만능된장…2큰술(50g)
- 쌀뜨물…⅗컵(120ml)

만드는 법

국물용 멸치의 머리와 내장을 제거한다.

뚝배기에 멸치와 만능된장을 넣고 쌀뜨물을 붓는다.

재료가 잘 섞이도록 숟가락으로 젓는다.

강불에서 재료를 잘 섞어가며 끓인다.

국물이 끓어오르면 중불로 줄인 후 적당히 졸여서 완성한다.

 Tip
· 멸치 외에 고등어, 참치, 꽁치통조림을 활용한 강된장을 만들 수도 있다. 생선통조림의 뼈를 바르고 잘게 부순 후 만능된장과 쌀뜨물을 넣고 끓이면 완성이다.

MONDAY

☐

TUESDAY

☐

WEDNESDAY

☐

THURSDAY

☐

FRIDAY

☐

CHECK LIST

SATURDAY

☐

SUNDAY

☐

7 July

Sun	Mon	Tue	Wed
___	___	___	___
___	___	___	___
___	___	___	___
___	___	___	___
___	___	___	___

Thu	Fri	Sat	Memo
———	———	———	
———	———	———	
———	———	———	
———	———	———	
———	———	———	

콩나물무침

재료(4인분)

- 콩나물…3컵(210g)
  (물 3컵 + 꽃소금 약간)
- 간 마늘…½큰술
- 꽃소금…½큰술
- 깨소금…1큰술
- 참기름…½큰술

만드는 법

1 냄비에 물을 붓고 끓인 후
꽃소금을 넣는다.

2

콩나물을 넣고 물이 다시 끓어오른 후
2~3분간 더 끓인다.

3

데친 콩나물을 찬물로 헹구고 체에 밭쳐
물기를 뺀다.

4

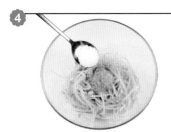

볼에 데친 콩나물을 넣고, 간 마늘, 꽃소금,
깨소금을 넣는다.

5

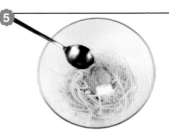

참기름을 넣고 골고루 섞어서 완성한다.

Tip

- 콩나물을 데칠 때는 뚜껑을 처음부터 계속 열거나, 처음부터 계속 닫거나
한 가지 노선만 선택해야 비린내가 나지 않는다.

MEMO

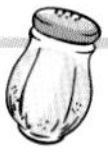

MONDAY

TUESDAY

WEDNESDAY

THURSDAY

FRIDAY

CHECK LIST

SATURDAY

SUNDAY

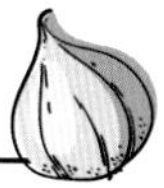

닭 삶기의 모든 것

재료(4인분)

- 닭(9호)···1마리
- 양파···½개(125g)
- 대파···1대(100g)
- 물···17컵(3,060ml)

닭 손질하기

❶ 닭을 씻기 전에 가위로 배에서 목까지 잘라 펼친다.

❷ 흐르는 물에 닭 표면과 뼛가루를 충분히 씻어 준다. 내장과 불순물 등은 손가락으로 밀어내 듯이 빼내며 씻은 후 물기를 빼둔다.

닭 삶기

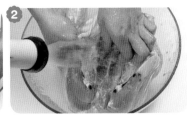

❸ 대파는 큼직하게 썰고, 양파는 껍질째 꼭지 만 자른다.

❹ 큰 냄비에 물을 넣고 닭을 넣은 후 불에 올린 다. 양파, 대파를 넣고 30분 정도 삶는다.

Tip

· 담백한 맛을 내기 위해 닭 껍질과 닭 껍질에 붙은 지 방을 떼어내고 조리하는 경 우도 있지만, 고소하고 깊은 맛을 내려면 껍질째 조리하 는 것이 좋다. 특히 닭 껍질 에 붙은 지방은 맛을 내는 기름기를 함유하고 있어 조 리하고 난 후에 떼어내는 것 이 좋다.

❺ 30분 정도 삶은 후 닭 발목의 살이 올라가고 뼈가 보이면 집게를 이용해 두꺼운 가슴살과 발목의 살을 살짝 찢어본다. 닭이 삶아졌으면 닭을 건져내 접시에 옮겨 담아서 완성한다.

MONDAY

TUESDAY

WEDNESDAY

THURSDAY

FRIDAY

SATURDAY

SUNDAY

닭곰탕

재료(4인분)

- 삶은 닭(90쪽 참조)
- 밥…4공기(800g)
- 대파…8큰술(56g)
- 꽃소금…1큰술
- 후춧가루…약간

만드는 법

대파는 0.3cm 두께로 송송 썬다. 삶은 닭은 살을 발라 먹기 좋은 크기로 찢는다.

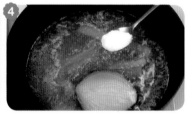

닭 육수를 불에 올려 다시 한 번 팔팔 끓인다.

뚝배기에 밥을 넣고 국자로 뜨거운 육수를 넣어 토렴한다.

육수에 꽃소금을 넣어 간을 맞춘다.

토렴으로 따뜻하게 데워진 밥 위에 발라놓은 닭고기 살을 올린다. 간을 맞춘 육수를 넣고 닭고기 위에 대파, 후춧가루를 뿌려서 완성한다.

MEMO

MONDAY

TUESDAY

WEDNESDAY

THURSDAY

FRIDAY

CHECK LIST

SATURDAY

SUNDAY

꽈리고추 삼겹살볶음

재료(4인분)

- 냉동 돼지고기(삼겹살)···3장(180g)
- 꽈리고추···11개(66g)
- 대파···1대(100g)
- 청양고추···5개(50g)
- 간 마늘···1큰술
- 진간장···⅓컵(60ml)
- 황설탕···1큰술
- 물···⅓컵(60ml)

만드는 법

1 청양고추와 대파는 0.5cm 두께로 썰고, 꽈리고추는 꼭지를 따서 다듬은 후에 2cm 두께로 썬다. 냉동 돼지고기는 1cm 폭으로 잘게 썬다.

2 넓은 팬에 돼지고기를 넣고 강불에서 볶는다.

3 돼지고기가 노릇노릇하게 익으면 대파를 넣고 함께 볶는다.

4 황설탕과 물을 넣은 뒤 간 마늘, 진간장을 넣고 잘 섞으며 볶는다.

5 청양고추와 꽈리고추를 넣고 볶는다. 고추에 양념이 잘 배도록 볶아서 완성한다.

MONDAY

TUESDAY

WEDNESDAY

THURSDAY

FRIDAY

SATURDAY

SUNDAY

열무물국수

재료(4인분)

- 건소면…400g
- 물…17컵(3,060ml)
  (면 삶기용 11컵, 냉국용 6컵)
- 열무김치…2컵(240g)
- 오이…2컵(190g)
- 청양고추…2개(20g)

- 진간장…½컵(60ml)
- 식초…½컵(90ml)
- 황설탕…½컵(70g)
- 간 마늘…½큰술
- 사각얼음…16개
- 깨소금…½큰술

만드는 법

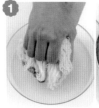

소면은 삶은 후 찬물에서 빨듯이 강하게 비벼 전분을 제거하고 체에 밭쳐둔다. (82쪽 참조)

오이는 길이 5cm, 두께 0.5cm로 채 썬다. 청양고추는 0.3cm 두께로 송송 썬다.

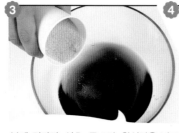
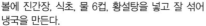

볼에 진간장, 식초, 물 6컵, 황설탕을 넣고 잘 섞어 냉국을 만든다.

냉국에 오이와 청양고추를 넣은 뒤 간 마늘을 넣고 섞는다.

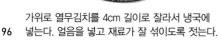

가위로 열무김치를 4cm 길이로 잘라서 냉국에 넣는다. 얼음을 넣고 재료가 잘 섞이도록 젓는다.

냉국에 소면을 넣고 깨소금을 뿌려 마무리한다.

96

MONDAY

☐

TUESDAY

☐

WEDNESDAY

☐

THURSDAY

☐

FRIDAY

☐

SATURDAY

☐

SUNDAY

☐

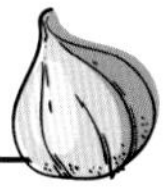

8 August

Sun	Mon	Tue	Wed
___	___	___	___
___	___	___	___
___	___	___	___
___	___	___	___
___	___	___	___

Thu	Fri	Sat	Memo
____	____	____	
____	____	____	
____	____	____	
____	____	____	
____	____	____	

두부 샌드위치

재료(2인분)

- **두부**…290g
- **베이컨**…3줄(48g)
- **대파**…1대(100g)
- **식빵**…2장(60g)
- **슬라이스 체더치즈**…2장(40g)
- **꽃소금**…약간
- **후춧가루**…약간
- **케첩**…기호에 따라
- **식용유**…3큰술

만드는 법

1 대파는 0.3cm 두께로 송송 썰고, 베이컨은 0.5cm 두께로 잘게 썬다. 슬라이스 체더치즈는 손으로 큼직하게 찢어놓고, 두부는 칼 옆면으로 눌러서 곱게 으깬다.

2 팬을 불에 올리고 식용유, 베이컨을 넣는다. 대파를 넣고 강불에서 볶아 파기름을 낸다.

3 베이컨이 노릇노릇해지면 두부를 넣고 저어 가며 볶는다. 후춧가루, 꽃소금을 넣고, 두부의 수분이 날아갈 때까지 충분히 볶는다.

4 두부스크램블 위에 슬라이스 체더치즈를 올린 후 약불에서 치즈가 녹을 때까지 기다린다. 치즈가 녹으면 팬 끝을 접시에 받쳐 두부 스크램블을 그대로 옮겨 담는다.

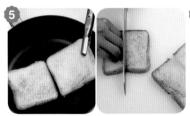

5 마른 팬에 식빵을 올려 앞뒤로 노릇노릇하게 구운 후 꺼내 반으로 자른다.

6 두부스크램블을 식빵 크기의 반 정도로 떠서 식빵 위에 올린다. 두부스크램블 위에 케첩을 뿌려서 완성한다.

MONDAY

TUESDAY

WEDNESDAY

THURSDAY

FRIDAY

SATURDAY

SUNDAY

닭백숙

재료(4인분)
- 삶은 닭…(90쪽 참조) · 대파(흰 부분)…1대(60g)
- 부추…½단(100g)

양념장(1인분)
- 간 마늘…½큰술
- 대파(흰 부분)…1큰술(7g)
- 겨자…½큰술
- 불린 고춧가루
  (굵은 고춧가루 ⅕컵(20g) +
  닭 육수 ⅕컵(45ml))
- 진간장…2큰술
- 황설탕…½큰술
- 식초…1큰술

소금장
- 꽃소금…1큰술
- 후춧가루…½큰술

만드는 법

① 백숙용 대파는 반으로 갈라 8cm 길이로 썰고, 부추는 2등분한다. 양념장용 대파는 잘게 다진다.

② 작은 볼에 굵은 고춧가루를 넣고, 닭 육수를 부은 후 잘 섞어 불린다. 새로운 볼에 간장, 식초, 황설탕을 넣고 잘 섞어 초간장을 만든다.

③ 굵은 고춧가루가 충분히 불었으면, 양념장 접시에 덜어놓고 간 마늘, 대파, 겨자를 넣은 뒤 만들어둔 초간장을 넣어 양념장을 완성한다.

④ 새로운 볼에 꽃소금과 후춧가루를 넣고 잘 섞어서 소금장을 완성한다.

⑤ 체에 부추를 넣고 뜨거운 육수에서 살짝 데쳐낸 후 삶은 닭 위에 올린다. 대파도 부추와 같은 방법으로 살짝 데쳐낸 후 닭 위에 올린다.

⑥ 육수를 3국자 정도 체에 밭쳐 닭백숙 위에 부어서 완성한다.

MEMO

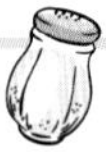

MONDAY

TUESDAY

WEDNESDAY

THURSDAY

FRIDAY

CHECK LIST

SATURDAY

SUNDAY

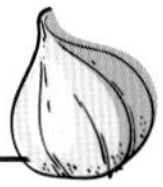

깻잎찜

재료(4인분)

- 깻잎…40장(80g)
- 양파…1½컵(75g)
- 당근…1컵(40g)
- 대파…½컵(25g)
- 만능간장…⅓컵(70g)

- 간 마늘…1큰술
- 굵은 고춧가루…2큰술
- 통깨…1큰술

만드는 법

1 당근은 길이 5cm 두께 0.3cm로 채 썰고, 양파는 0.3cm 두께로 썬다. 대파는 0.3cm 두께로 얇게 송송 썬다.

2 볼에 당근, 양파, 대파, 간 마늘을 넣은 뒤 굵은 고춧가루, 통깨, 만능간장을 넣고 잘 섞어서 양념을 만든다.

3 전자레인지용 그릇에 깻잎을 2~3장씩 겹쳐놓고 만들어둔 양념을 바른다.

4 깻잎이 담긴 그릇에 랩을 씌운 후 젓가락으로 3~4번 찌른다.

5 깻잎이 담긴 그릇을 전자레인지에 넣고 2~3분 정도 익혀서 완성한다. 전자레인지 성능에 따라 익는 시간은 다를 수 있다.

MONDAY

TUESDAY

WEDNESDAY

THURSDAY

FRIDAY

SATURDAY

SUNDAY

멸치
고추장볶음

재료

- **큰 멸치**…50g
- **식용유**…2큰술
- **진간장**…2큰술
- **고추장**…½큰술
- **간 마늘**…½큰술
- **설탕**…1½큰술
- **물**…2큰술
- **물엿**…1큰술
- **참기름**…1큰술
- **통깨**…½큰술

만드는 법

멸치는 조금 큰 것으로 준비해 머리를 떼고 반 갈라 내장을 빼낸다.

식용유를 두르지 않은 팬에 멸치를 넣어 2~3분 볶아 멸치의 수분을 없앤다.

멸치를 체에 담고 쳐서 가루를 털어낸다. 팬을 깨끗이 닦은 뒤 식용유를 넣고 멸치를 넣어 볶는다.

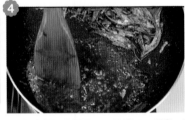

볶던 멸치를 팬 한쪽으로 몰아놓고, 팬을 기울여 진간장, 고추장, 간 마늘, 물, 설탕, 물엿을 넣은 뒤 양념을 섞어가며 끓인다.

멸치와 양념장을 섞어가며 볶는다. 멸치에 양념이 섞이면 참기름과 통깨를 섞는다. 멸치볶음은 접시에 담고 식힌다.

• 큰 멸치는 머리와 내장을 떼고 볶아야 쓴맛이 나지 않는다. 멸치는 비린내가 나기 쉬운데, 팬에 식용유를 두르지 않고 잠깐 볶아 수분을 날려주어야 비린내가 나지 않는다. 양념을 한데 섞어 충분히 끓인 뒤 멸치와 섞어가며 재빨리 볶아야 타지 않는다.

MEMO

MONDAY

TUESDAY

WEDNESDAY

THURSDAY

FRIDAY

CHECK LIST

SATURDAY

SUNDAY

오이무침

재료(4인분)

- **오이**··· 1개(220g)
- **만능된장**···1큰술(25g)
- **굵은 고춧가루**···½큰술

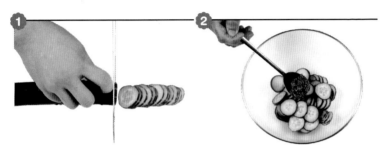

1 오이를 0.5cm 두께로 썬다.

2 볼에 썰어놓은 오이를 넣고, 만능된장을 넣는다.

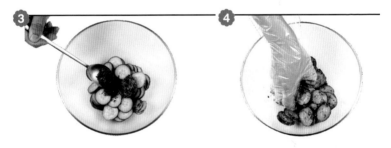

3 굵은 고춧가루를 넣어 색을 더한다.

4 볼에 담긴 오이에 양념이 잘 배도록 무쳐서 완성한다.

MONDAY

TUESDAY

WEDNESDAY

THURSDAY

FRIDAY

SATURDAY

SUNDAY

9 September

Sun	Mon	Tue	Wed
——	——	——	——
——	——	——	——
——	——	——	——
——	——	——	——
——	——	——	——

Thu	Fri	Sat	Memo
___	___	___	
___	___	___	
___	___	___	
___	___	___	
___	___	___	

만능맛간장

재료

- 국간장…1컵(180ml)
- 진간장…1컵(180ml)
- 맛술…½컵(90ml)
- 다시마…5장(7×7cm, 10g)
- 마른 표고버섯…5개(10g)
- 대파…1대(100g)

*국간장 : 진간장 : 맛술 = 1 : 1 : ½

만드는 법

1

마른 표고버섯은 볼에 담아 30분 이상 물에 불린다.

2

3

냄비에 국간장, 진간장, 맛술을 넣는다. 대파, 표고버섯, 다시마를 넣고 불에 올려 끓인다.

대파는 반으로 갈라 15cm 길이로 썬다. 물에 불린 표고버섯은 손으로 꼭 짜 물기를 없애고 0.5cm 두께로 잘게 썬다.

4

5

국물이 팔팔 끓어오르면 약불로 줄인다. 10분 정도 더 끓인 후 불을 끄고 다시마를 건져낸다.

밀폐용기에 옮겨 담아 충분히 식힌 후 대파를 건져내서 만능맛간장을 완성한다.

*만능맛간장은 밀폐용기에 담아 반드시 냉장 보관하고, 오래 두고 먹을 경우에는 다시 한 번 끓여서 식힌 후 냉장 보관한다.

MEMO

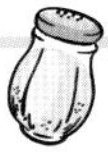

MONDAY

TUESDAY

WEDNESDAY

THURSDAY

FRIDAY

CHECK LIST

SATURDAY

SUNDAY

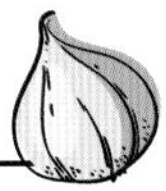

만능맛간장

스피드장조림

재료(4인분)

- **소고기**(불고기용)···150g
- **새송이버섯**···1개(60g)
- **통마늘**···12개(60g)
- **꽈리고추**···8개(48g)
- **만능맛간장**···1컵(180ml)
- **만능맛간장 속 표고버섯**···6조각
- **물**···½컵(90ml)

만드는 법

1 소고기는 길이 5cm, 두께 0.7cm로 잘게 썬다. 만능맛간장 속 표고버섯은 가로로 잘게 자른다. 통마늘은 큼직하게 반으로 자르고, 꽈리고추는 2cm 두께로 썬다. 새송이버섯은 사방 1cm의 사각형으로 썬다.

2 팬에 물과 만능맛간장을 넣고 강불에서 끓인다. 국물이 팔팔 끓어오르면 소고기를 넣고 소고기가 뭉치지 않도록 젓가락으로 잘 풀어준다.

3
> 2~3분 끓인 후 올라온 거품을 걷어내고 표고버섯, 마늘을 넣는다.

4 새송이버섯을 넣고 중불로 3분 정도 조린다. 꽈리고추를 넣고 1분 정도 더 조린다.

5
> 불을 끄고 볼에 옮겨 담아 충분히 식혀서 완성한다.

Tip

◦소고기를 냉장고에 오래 보관했거나 밀폐가 잘 안 됐을 경우에는 약불에서 좀 더 오래 끓여야 냄새를 잡을 수 있다. 잡내가 심할 경우에는 조리 전에 녹여서 물에 담가 핏물을 뺀 후 사용한다.

MONDAY

TUESDAY

WEDNESDAY

THURSDAY

FRIDAY

SATURDAY

SUNDAY

감자고추장 찌개

재료(4인분)

- 대패 삼겹살···100g
- 청양고추···3개(30g)
- 느타리버섯···2컵(80g)
- 대파···½ 대(50g)
- 양파···½ 개(125g)
- 감자···3컵(300g)
- 고추장···1큰술
- 간 마늘···1큰술
- 굵은 고춧가루···2큰술
- 국간장···5큰술
- 멸치액젓···1큰술
- 참기름···2큰술
- 식용유···2큰술
- 물···5컵(900ml)

만드는 법

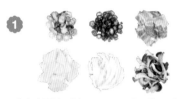

대파와 청양고추는 0.5cm 두께로 썰고, 대패 삼겹살은 2.5cm 폭으로 썬다. 감자는 4등분한 후 0.5cm 두께로, 양파는 1cm 두께로 썬다. 느타리버섯은 잘게 찢는다.

깊은 팬에 참기름, 식용유, 고추장을 넣는다. 불을 켜고 약불에서 재료를 볶는다. 고추장이 볶아지면 굵은 고춧가루를 넣고 볶아서 고추기름을 낸다.

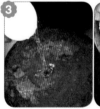

고추기름에서 거품이 날 무렵 물을 붓고, 감자를 넣은 후 강불에서 끓인다.

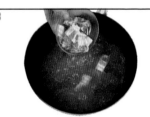

국물이 끓어오르면 자른 대패 삼겹살을 넣는다.

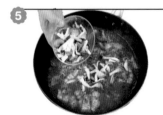

국간장, 간 마늘, 멸치액젓을 넣어 간을 하고 느타리버섯을 넣고 끓인다.

국물이 끓어오르면 양파를 넣고 끓인다. 양파가 투명하게 익으면 대파와 청양고추를 넣어서 완성한다.

MONDAY

TUESDAY

WEDNESDAY

THURSDAY

FRIDAY

SATURDAY

SUNDAY

액젓소불고기

재료(4인분)

- **소고기**(불고기용)…500g
- **대파**…1대(100g)
- **양파**…½개(125g)
- **간 마늘**…2큰술
- **황설탕**…4큰술
- **액젓**…4큰술
- **참기름**…2큰술

만드는 법

1

대파는 0.3cm 두께로 송송 썰고, 양파는 0.3cm 두께로 채 썬다. 소고기는 6~8cm 길이로 썬다.

2

황설탕을 넣고 간이 잘 배도록 손으로 주물러 양념한 뒤, 대파, 간 마늘을 넣고 골고루 주물러 양념한다.

3

액젓을 넣고 주물러 양념한 뒤, 참기름을 넣고 주물러 양념한다.

4

양념한 소불고기에 양파를 넣고 가볍게 버무린다.

Tip

- 액젓은 생선을 오래 숙성시켜 만들어서 감칠맛이 탁월하다. 꽃소금이나 간장 대신 양념으로 사용하기 좋다. 액젓을 넣으면 간이 빨리 배고, 열을 가하면 특유의 비린 맛이 날아간다.

5

넓은 팬을 불에 올려 달군 후 소불고기를 넣는다. 젓가락으로 살살 풀어주며 볶아서 완성한다.

MEMO

MONDAY

TUESDAY

WEDNESDAY

THURSDAY

FRIDAY

CHECK LIST

SATURDAY

SUNDAY

통조림 생선구이

재료(4인분)

- 고등어통조림…1캔(400g)
- 꽁치통조림…1캔(400g)
- 식용유…2컵(360ml)
- 튀김가루…2½컵(250g)
- 꽃소금…½큰술
- 후춧가루…약간

만드는 법

1 생선통조림의 내용물을 체에 밭쳐 국물을 걸러낸다.

2 큰 볼에 튀김가루를 붓는다. 체에 밭쳐두었던 생선에 튀김가루를 입힌다. 생선에 물기가 남지 않도록 꼼꼼히 입혀야 한다.

3 넓은 팬에 식용유를 붓고 강불로 달군다. 달궈진 식용유에 튀김가루를 입힌 생선을 넣고 튀기듯 굽는다.

4 생선의 앞뒤가 노릇하게 익을 때까지 뒤집어가며 익힌다. 노릇노릇하게 익은 생선을 키친타월 위에 올려 기름을 뺀다.

5 꽃소금에 후춧가루를 넣고 섞어서 구운 생선과 함께 낸다.

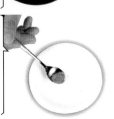

Tip

생물 생선은 속까지 잘 익지 않아 약불에서 장시간 익혀야 하지만 생선통조림은 이미 한 번 익힌 것이라 센불에서 튀기듯 익히면 된다. 튀김가루 대신 밀가루를 사용해도 된다. 꽃소금 대신 양념간장을 함께 내도 좋다.

MONDAY

TUESDAY

WEDNESDAY

THURSDAY

FRIDAY

SATURDAY

SUNDAY

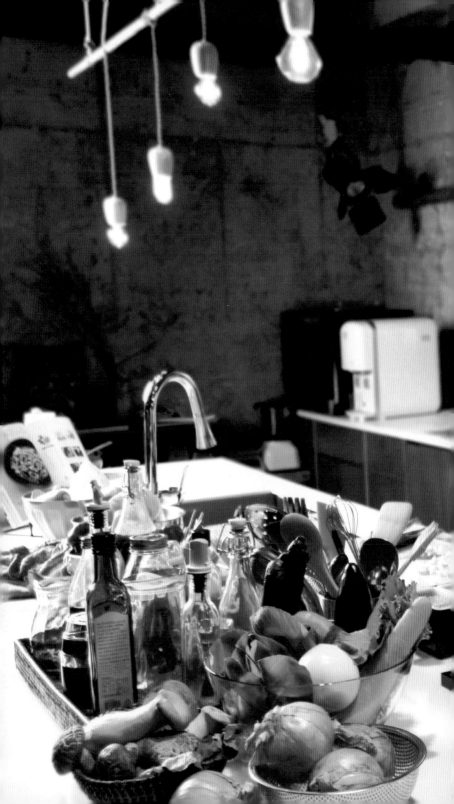

10 October

Sun	Mon	Tue	Wed
___	___	___	___
___	___	___	___
___	___	___	___
___	___	___	___
___	___	___	___

Thu	Fri	Sat	Memo
⎯⎯	⎯⎯	⎯⎯	
⎯⎯	⎯⎯	⎯⎯	
⎯⎯	⎯⎯	⎯⎯	
⎯⎯	⎯⎯	⎯⎯	
⎯⎯	⎯⎯	⎯⎯	

느타리버섯 볶음

재료(4인분)

- 느타리버섯…6컵(240g)
- 돼지고기채…½컵(75g)
- 대파…2큰술(14g)
- 부추…½컵(15g)
- 만능간장…⅓컵(40g)
- 식용유…3큰술
- 간 마늘…½큰술

만드는 법

1

느타리버섯은 밑동을 잘라내고, 손으로 가닥가닥 찢는다. 부추는 4cm 길이로 썰고, 대파는 0.3cm 두께로 얇게 송송 썬다.

2

넓은 팬에 대파와 식용유를 넣고 불을 켜고 강불에서 대파가 노릇노릇해질 때까지 볶는다.

3

대파가 노릇노릇해지면 돼지고기채를 넣고 볶는다.

4

돼지고기가 하얗게 익으면 간 마늘을 넣는다. 간 마늘을 섞은 후, 느타리버섯을 넣고 다시 섞는다.

5

만능간장을 돌려가며 고루 넣고 강불에서 볶는다. 버섯에 양념이 배고 숨이 죽으면 부추를 넣고 잘 섞어 마무리한다.

MEMO

MONDAY

TUESDAY

WEDNESDAY

THURSDAY

FRIDAY

SATURDAY

SUNDAY

CHECK LIST

소고기뭇국

재료(4인분)

- **소고기**(불고기용)…270g
- **대파**…6큰술(42g)
- **무**…4컵(360g)
- **간 생강**…약간
- **간 마늘**…2큰술
- **국간장**…3큰술
- **꽃소금**… ⅔ 큰술
- **후춧가루**…약간
- **참기름**…3큰술
- **물**…9컵(1,620㎖)

만드는 법

1 대파는 0.5cm 두께로 썰고, 무는 가로 3cm, 세로 3cm, 두께 0.5cm로 사각형으로 썬다. 소고기는 5cm 길이 정도로 먹기 좋게 썬다.

2 썬 고기는 찬물에 한 번 헹군 후 체에 밭쳐 핏물을 제거하고 물기를 충분히 뺀다.

3 냄비에 참기름을 두르고 달군 후 소고기를 넣고 강불에서 볶는다. 소고기의 핏기가 없어질 때까지 볶아준 후 무를 넣고 함께 볶는다.

4 무가 투명해질 때까지 볶다가 물을 붓는다. 국물에 꽃소금, 간 생강, 국간장을 넣은 뒤, 간 마늘을 넣고 중불에서 15~20분 정도 충분히 끓인다.

5 충분히 끓었으면 대파와 후춧가루를 넣어서 완성한다.

Tip 불고기용 소고기 말고 양지를 사용해도 좋다. 단, 이때는 무를 더 두껍게 썰어서 더 오래 끓여야 양지의 질긴 식감이 사라진다. 무의 두께는 국을 얼마나 끓일 것인가에 따라 결정하면 된다.

MONDAY

TUESDAY

WEDNESDAY

THURSDAY

FRIDAY

SATURDAY

SUNDAY

냉라면

재료(1인분)

- 라면…1개
- 콩나물…1⅓컵(약 88g)
- 양파…⅓개(약 62g)
- 청양고추…2개(20g)
- 만능맛간장…2큰술(20g)
- 황설탕…2큰술
- 식초…2큰술
- 물…5컵(900ml)
  (라면 삶기용 4컵, 냉국용 1컵)
- 사각얼음…10개

만드는 법

① 청양고추는 0.3cm 두께로 송송 썰고, 양파는 0.3cm 두께로 얇게 채 썬다. 콩나물은 깨끗이 씻어 체에 밭쳐 물기를 뺀다.

② 볼에 분말 스프, 청양고추, 만능맛간장, 황설탕, 식초, 물 1컵을 넣고 잘 섞는다.

③ 냄비에 물 4컵을 넣고 불에 올려 끓이다가 물이 팔팔 끓어오르면 면과 건더기 스프를 넣는다. 콩나물, 양파를 넣고 젓가락으로 풀어주며 끓인다.

④ 면이 익으면 불을 끄고 건더기와 함께 체에 밭쳐 물기를 제거한다. 체에 밭친 채로 찬물이나 얼음물에 넣고 헹군 후 물기를 뺀다.

⑤ 그릇에 면과 재료를 담는다.

⑥ ②에 얼음을 넣고 저어서 냉국을 만든다. 면에 냉국을 부어서 완성한다.

MONDAY

☐

TUESDAY

☐

WEDNESDAY

☐

THURSDAY

☐

FRIDAY

☐

SATURDAY

☐

SUNDAY

☐

김치볶음밥

재료(2인분)

- 양파···90g
- 당근···50g
- 대파···½대(50g)
- 신김치···250g
- 돼지고기···80g
- 밥···1½공기(360g)
- 식용유···2큰술
- 굵은 고춧가루···1큰술
- 설탕···½큰술
- 후춧가루···약간
- 진간장···3큰술
- 참기름···1큰술
- 달걀···2개
- 통깨···약간

만드는 법

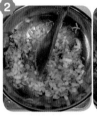

1 양파, 당근은 작게 썰고, 대파는 반 갈라 작게 썬다. 신김치는 국물을 가볍게 짠 뒤 작게 썰고, 돼지고기도 작게 썰어놓는다. 밥은 넓은 접시에 펼쳐놓고 식힌다.

2 달군 팬에 식용유 2큰술을 두르고 돼지고기를 볶아 겉면이 익으면 대파를 넣고 함께 볶아 파 향이 배게 한다. 돼지고기에 양파를 넣고 고루 섞어가며 볶고, 양파가 살짝 익으면 당근을 넣고 볶는다.

3 고춧가루, 설탕, 간장, 후춧가루를 넣고 섞어가며 볶는다.

4 채소에 양념이 배면 김치를 넣고 볶는다. 김치를 오래 볶으면 너무 익어 씹는 맛이 떨어지므로 ⅔ 정도 익힌다.

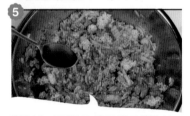

5 밥을 넣고 주걱으로 김치볶음과 밥을 섞어가며 볶는다. 밥과 김치가 볶아지면 참기름을 섞는다. 그릇에 김치볶음밥을 담고, 달걀프라이를 올리고 통깨를 뿌린다.

Tip

· 김치볶음밥을 할 때, 김치를 일찍 넣으면 김치가 너무 익어 김치찌개에 밥을 비빈 것 같은 맛이 날 수 있다. 고기를 먼저 볶아 익히다가 채소를 볶고, 김치는 나중에 넣어 살짝만 익혀 아삭하게 씹는 맛을 살려줘야 맛있는 김치볶음밥이 된다.

MONDAY

TUESDAY

WEDNESDAY

THURSDAY

FRIDAY

SATURDAY

SUNDAY

들깨칼국수

재료(2인분)

- 칼국수용 생면…320g
- 감자…1개(200g)
- 표고버섯…2개(40g)
- 시판용 들깻가루…9큰술
- 간 마늘…1큰술
- 액젓…⅕컵(36ml)
- 물…7컵(1,260ml)

만드는 법

① 감자는 길이 5cm, 두께 0.5cm로 채 썰고,
표고버섯은 기둥을 잘라내고 0.3cm 두께
로 얇게 채 썬다.

냄비에 물을 넣고 불에 올린 뒤, 감자, 표고
버섯을 넣는다.

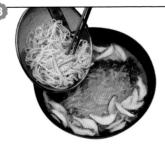

칼국수면은 빠르게 씻어서 전분기를 제거
한 후 체에 밭쳐 물기를 뺀다. 국물이 팔팔
끓어오르면 면을 넣고 면이 뭉치지 않도록
젓가락으로 살살 풀어주며 끓인다.

액젓, 간 마늘을 넣고 면이 충분히 익을 때
까지 팔팔 끓인다.

면이 거의 익어갈 때쯤 들깻가루를 넣고 저
어가며 끓인다. 이때 처음부터 들깻가루를
모두 넣지 말고 조금씩 넣으면서 농도를 맞
추는 것이 좋다. 국물이 걸쭉해지면 바닥에
눋지 않도록 주걱으로 저어가며 끓여서 완
성한다.

MONDAY

☐

TUESDAY

☐

WEDNESDAY

☐

THURSDAY

☐

FRIDAY

☐

SATURDAY

☐

SUNDAY

☐

11 November

Sun	Mon	Tue	Wed
___	___	___	___
___	___	___	___
___	___	___	___
___	___	___	___
___	___	___	___

Thu	Fri	Sat	Memo
_____	_____	_____	
_____	_____	_____	
_____	_____	_____	
_____	_____	_____	
_____	_____	_____	

감자전

재료(4인분)
- 감자…2개(400g)
- 꽃소금…약간
- 식용유…4큰술
- 물…2컵(360ml)

양념장
- 청양고추…1개(10g)
- 진간장…3큰술
- 식초…1큰술

만드는 법

1

감자는 껍질을 벗겨 적당한 크기로 자르고, 청양고추는 길게 4등분한 뒤 0.3cm 두께로 얇게 썬다.

2

믹서기에 자른 감자와 물을 넣고 간다.

3

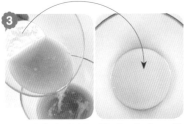

가는 체에 간 감자를 거른 후, 체 밑으로 물과 전분이 가라앉도록 약 10~15분 정도 둔다. 물과 전분이 가라앉으면 물을 따라내고 전분만 남긴다.

4

전분만 남은 볼에 체에 걸러둔 감자를 섞는다. 전분과 감자가 섞인 반죽에 꽃소금을 넣고 잘 섞는다.

5

넓은 팬에 식용유를 넉넉히 두르고 중불에서 팬을 달군 후 적당량의 반죽을 올린다. 감자전을 뒤집어가며 노릇하게 부쳐준다.

6

볼에 진간장, 청양고추, 식초를 섞어서 양념장을 만든다. 잘 익힌 감자전을 양념장과 함께 낸다.

MONDAY

TUESDAY

WEDNESDAY

THURSDAY

FRIDAY

SATURDAY

SUNDAY

두부김치

재료(2인분)

- 두부…240g
- 신김치…330g
- 돼지고기(삼겹살)…160g
- 양파…100g
- 대파…50g
- 풋고추…1개
- 홍고추…½개
- 간 마늘…1큰술
- 진간장…3큰술
- 식용유…3큰술
- 굵은 고춧가루…1큰술
- 참기름…1½큰술
- 설탕…1½큰술
- 후춧가루…약간

만드는 법

1

삼겹살은 3~4cm 크기, 0.5cm 두께로 썬다. 김치는 소를 털고 3cm 폭으로 썰고, 양파는 1cm 폭으로 채 썰고, 대파와 고추는 어슷하게 썬다.

2

팬에 식용유를 두르고 삼겹살을 넣어 볶는다. 삼겹살이 하얗게 익고 기름이 배어나올 정도로 볶는다.

3

양파를 넣고 잠시 볶는다. 양파에 기름이 고루 묻게 볶으면 된다.

4

김치와 간 마늘, 진간장, 굵은 고춧가루, 설탕, 후춧가루를 넣고 강불에서 김치가 반쯤 익게 볶는다. 대파, 고추, 참기름을 넣고 섞은 후 잠시 더 볶다가 불을 끈다.

5

두부는 끓는 물에 넣어 3~5분 정도 삶아 건진다. 두부는 뜨거울 때 4×5cm 크기, 1cm 두께로 썰어 접시에 담고, 가운데에 김치삼겹살볶음을 올린다.

MONDAY

TUESDAY

WEDNESDAY

THURSDAY

FRIDAY

SATURDAY

SUNDAY

시래깃국

재료(4인분)

- 시판용 삶은 시래기…3컵(270g)
- 소고기(국거리용)…1½컵(210g)
- 대파…1컵(60g)
- 청양고추…3개(30g)
- 간 마늘…1큰술
- 굵은 고춧가루…3큰술
- 국간장…½컵(60ml)
- 액젓…2큰술
- 식용유…2큰술
- 참기름…2큰술
- 물…8컵(1,440ml)

만드는 법

시래기는 물에 넣고 풀어주듯 살살 흔들어 가며 깨끗하게 헹구고 손으로 꾹 짜서 물기를 제거한다.

청양고추는 0.3cm 두께로 송송 썰고, 대파는 1cm 두께로 송송 썬다. 시래기는 2cm 두께로 썬다.

냄비에 식용유, 참기름을 넣고 불에 올린다. 소고기를 넣고 표면이 익을 때까지 볶는다.

굵은 고춧가루를 넣고 잘 섞어가며 볶는다. 굵은 고춧가루가 기름을 먹어 색이 선명해지면 바로 물 5컵을 넣는다. 이때 빨간색 고추기름이 떠오르면 제대로 만들어진 것이다.

시래기를 넣고 살살 저어준다. 국간장, 간 마늘을 넣고 끓인다.

소고기가 충분히 익었으면 물 3컵을 넣고 끓인다. 액젓을 넣어 간을 맞춘 뒤, 대파와 청양고추를 넣고 향이 우러나도록 한소끔 끓여서 완성한다.

MEMO

MONDAY

TUESDAY

WEDNESDAY

THURSDAY

FRIDAY

CHECK LIST

SATURDAY

SUNDAY

밥솥취나물밥

재료(4인분)

- 시판용 삶은 취나물…300g
- 불린 쌀…3컵(420g)
- 대파…1컵(60g)
- 간 돼지고기…6큰술
- 간 마늘…½큰술
- 된장…3큰술
- 들기름…3큰술
- 물…1½컵 (270ml)

만드는 법

1

삶은 취나물은 흐르는 물에 씻어 체에 밭쳐 물기를 뺀 뒤, 손으로 꼭 짜서 남은 물기를 제거한다.

2

대파는 0.3cm 두께로 송송 썰고, 취나물은 2cm 두께로 썬다.

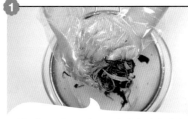

3

전기압력밥솥에 불린 쌀과 물을 넣고 그 위에 취나물을 골고루 펴서 넣는다. 취나물 위에 간 돼지고기를 넣고 숟가락을 이용해 넓게 펴준다.

4

간 마늘, 된장, 들기름을 넣은 뒤, 대파를 넣고 밥을 안친다.

5

취사가 완료되면 주걱으로 밥과 재료를 골고루 섞은 후 그릇에 옮겨 담아서 완성한다.

MONDAY

TUESDAY

WEDNESDAY

THURSDAY

FRIDAY

SATURDAY

SUNDAY

무말랭이무침

재료

- **무말랭이**···100g
- **마른 고춧잎**···6g
- **고운 고춧가루**···3큰술
- **물엿**···5큰술
- **설탕**···4큰술
- **멸치액젓**···2큰술
- **간 마늘**···1½큰술
- **꽃소금**···1½큰술
- **통깨**···1큰술

만드는 법

1 무말랭이는 미지근한 물에 담가 3시간 불리고, 마른 고춧잎은 미지근한 물에 담가 4시간 불린다.

무말랭이와 고춧잎은 물을 바꿔가며 2~3번 깨끗이 씻어 물기를 꼭 짠다.

넓은 볼에 무말랭이와 고춧잎을 담고, 뭉친 고춧잎을 풀어준다. 고춧가루, 물엿, 설탕, 간 마늘, 꽃소금을 넣는다.

멸치액젓과 통깨를 넣고 양념과 무말랭이를 주물러 섞는다.

무말랭이에 붉은 고춧물이 들면 밀폐용기에 담아 하루 정도 두었다가 먹는다.

MONDAY

TUESDAY

WEDNESDAY

THURSDAY

FRIDAY

SATURDAY

SUNDAY

12 December

Sun	Mon	Tue	Wed
——	——	——	——
——	——	——	——
——	——	——	——
——	——	——	——
——	——	——	——

Thu	Fri	Sat	Memo
___	___	___	
___	___	___	
___	___	___	
___	___	___	
___	___	___	

만능맛간장

콩나물찜

재료(4인분)

- 콩나물…1봉(320g)
- 대파…1대(100g)
- 새송이버섯…2개(120g)
- 양파…½개(125g)
- 간 마늘…1큰술
- 고추장…2큰술
- 굵은 고춧가루…2큰술

- 만능맛간장…⅓컵(60ml)
- 황설탕…1큰술
- 참기름…1큰술
- 물…½컵(90ml)

전분물
- 감자전분…½큰술
- 물…1큰술

만드는 법

양파는 반으로 잘라 0.4cm 두께로 채 썰고, 대파는 반으로 갈라 6cm 길이로 썬다. 새송이버섯은 길게 반으로 잘라 0.4cm 두께로 어슷 썬다. 콩나물은 깨끗이 씻어 체에 밭쳐 물기를 뺀다.

팬을 불에 올린 후 물 ½컵을 넣고, 물이 끓어오르면 콩나물을 넣는다. 새송이버섯, 대파, 양파를 넣고 고추장, 굵은 고춧가루, 황설탕을 넣는다.

양념이 골고루 배도록 섞은 후 콩나물과 다른 재료들이 숨이 죽고 수분이 나올 때까지 끓인다. 간 마늘, 만능맛간장을 넣고 잘 섞는다.

감자전분과 물 1큰술을 섞어 전분물을 만든다.

끓고 있는 국물이 어느 정도 졸아들면 전분물을 조금씩 넣으며 원하는 농도를 맞춘다.

불을 끈 후 참기름을 넣고 섞어서 완성한다.

MEMO

MONDAY

TUESDAY

WEDNESDAY

THURSDAY

FRIDAY

CHECK LIST

SATURDAY

SUNDAY

시금치무침

재료

- **시금치**⋯300g
  (꽃소금⋯½큰술)
- **대파**⋯30g
- **진간장**⋯1큰술
- **간 마늘**⋯½큰술
- **꽃소금**⋯½큰술
- **참기름**⋯1½큰술
- **통깨**⋯½큰술

만드는 법

1

시금치는 뿌리 끝을 깨끗이 다듬고 포기를 반으로 나눈다. 대파는 동그랗고 얇게 썬다.

2

넉넉한 양의 물을 끓인 뒤 꽃소금 ½큰술을 넣고, 시금치를 넣어 1분 정도 삶는다. 오래 삶으면 질겨지므로 숨이 죽을 정도로만 삶아야 한다.

3

시금치는 빨리 건져 찬물에 헹군다. 두세 번 찬물에 헹궈 물기를 가볍게 짠다. 꼭 짜면 수분이 모두 빠져나와 맛이 없어진다.

4

시금치는 뭉친 것을 풀어준다. 이렇게 해야 무칠 때 양념이 잘 묻는다.

5

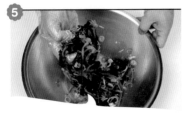

시금치에 대파, 진간장, 꽃소금, 간 마늘을 넣는다. 시금치에 양념이 잘 묻게 손으로 섞는다.

6

시금치무침에 참기름과 통깨를 넣고 다시 한 번 섞는다.

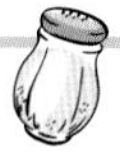

MEMO

MONDAY

TUESDAY

WEDNESDAY

THURSDAY

FRIDAY

CHECK LIST

SATURDAY

SUNDAY

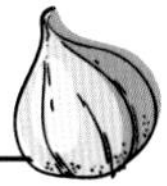

닭볶음탕

재료(4인분)

- 토막 닭고기(10호)…1마리
- 대파…2대(200g)
- 청양고추…3개(30g)
- 홍고추…2개(20g)
- 새송이버섯…2개(120g)
- 표고버섯…3개(60g)
- 당근…½개(90g)
- 양파…1개(250g)
- 감자…2개(400g)
- 간 마늘…1큰술
- 굵은 고춧가루…½컵(45g)
- 고운 고춧가루…1큰술
- 진간장…⅗컵(144ml)
- 황설탕…3큰술
- 후춧가루…약간
- 물…3컵(540ml)

만드는 법

1

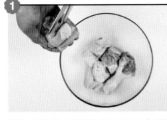

토막 닭고기는 뼛가루 등 불순물과 내장을 물에 씻어서 제거한 후 가위집을 내어준다.

2

홍고추와 청양고추는 2cm 길이로, 대파는 4cm 길이로 썬다. 표고버섯은 기둥을 제거하고, 새송이버섯, 감자, 당근, 양파는 먹기 좋은 크기로 큼직큼직하게 썬다.

3

4

15분 정도 더 끓인 후 간 마늘과 진간장을 넣고 잘 섞은 후 끓여준다. 표고버섯, 새송이버섯과 굵은 고춧가루, 고운 고춧가루를 넣고 섞는다.

깊은 팬에 닭고기, 물, 황설탕을 넣고 뚜껑을 연 채로 강불에서 끓인다. 닭고기가 하얗게 익기 시작하면 감자와 당근, 양파를 넣는다.

5

대파, 홍고추, 청양고추를 넣고 섞는다. 후춧가루를 뿌려 잘 섞어서 완성한다.

MONDAY

TUESDAY

WEDNESDAY

THURSDAY

FRIDAY

SATURDAY

SUNDAY

북엇국

재료(4인분)

- 북어포···1⅜컵(40g)
- 무···180g
- 두부···180g
- 대파···⅓대(25g)
- 달걀···1개
- 식용유···½큰술
- 참기름···2½큰술
- 물···8컵(약 1,440ml)
- 간 마늘···1큰술
- 국간장···1큰술
- 새우젓···½큰술
- 꽃소금···적당량
- 후춧가루···약간

만드는 법

1

무는 0.5cm 굵기로 길게 채 썬다. 두부는 3×4cm 크기, 1cm 두께로 썰고, 대파는 동그랗게 썬다. 달걀은 풀어놓는다.

2

북어포는 물에 담갔다가 바로 건진다. 오래 담가두면 북어 맛이 빠져나가 맛이 없어진다.

3 **4**

냄비에 식용유와 참기름을 두르고 북어포를 넣어 볶다가 무를 넣어 함께 볶는다. 무가 익기 시작하면 물을 부어 중불로 끓인다.

10~20분 정도 끓으면 간 마늘, 국간장, 새우젓을 넣어 맛을 내고, 부족한 간은 꽃소금으로 맞춘다.

5

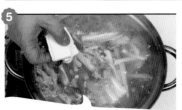

두부를 넣고 끓인다. 두부를 넣고 오래 끓이면 두부가 단단해지니 국물이 다시 끓어오를 때까지만 끓인다.

6

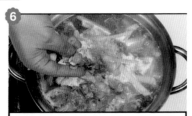

국물이 끓으면 달걀 푼 것을 넣고 섞는다. 후춧가루를 뿌리고 대파를 넣고 다시 한번 끓어오르면 불을 끈다.

MONDAY

TUESDAY

WEDNESDAY

THURSDAY

FRIDAY

CHECK LIST

SATURDAY

-
-
-

SUNDAY

-
-
-

굴비조림

재료(4인분)

- 말린 굴비…6마리
- 대파…2대(200g)
- 청양고추…2개(20g)
- 간 마늘…1큰술
- 굵은 고춧가루…½큰술
- 새우젓…1큰술
- 들기름…3큰술
- 물…3컵(540ml)

만드는 법

① 대파는 3cm 길이로 썰고 청양고추는 0.3cm 두께로 송송 썬다.

② 냄비에 굴비를 넣고 굴비가 잠길 정도로 물 2컵을 넣고 불에 올린다.

③ 대파, 청양고추를 넣고 굵은 고춧가루, 간 마늘, 새우젓을 넣는다. 들기름을 넣고 저어주며 골고루 섞는다.

④ 국물이 거의 졸아들고 굴비 살이 부드럽게 뜯어질 때까지 10~15분 정도 뚜껑을 열고 조린다.

⑤ 물 1컵을 보충해서 더 조린다. 국물이 거의 남지 않았을 때 불을 꺼서 완성한다.

MEMO

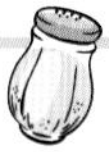

MONDAY

TUESDAY

WEDNESDAY

THURSDAY

FRIDAY

CHECK LIST

SATURDAY

SUNDAY

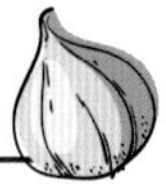

 **나만의 레시피**

• 재료

• 요리 설명

만드는 법

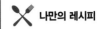 나만의 레시피

• **재료**

• **요리 설명**

만드는 법

• 재료

• 요리 설명

만드는 법

• 재료

• 요리 설명

만드는 법

• 재료

• 요리 설명

만드는 법

 **나만의 레시피**

• 재료

• 요리 설명

만드는 법

• **재료**

• **요리 설명**

만드는 법

 **나만의 레시피**

- **재료**

- **요리 설명**

만드는 법

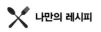 **나만의 레시피**

- **재료**

- **요리 설명**

만드는 법

 **나만의 레시피**

• 재료

• 요리 설명

만드는 법

 **나만의 레시피**

- **재료**

- **요리 설명**

만드는 법

 **나만의 레시피**

· **재료**

· **요리 설명**

만드는 법

• **재료**

• **요리 설명**

만드는 법

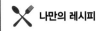 나만의 레시피

• 재료

• 요리 설명

만드는 법

MEMO

MEMO

MEMO

MEMO

MEMO

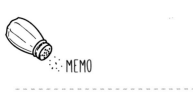

MEMO

MEMO

MEMO

MEMO

MEMO

지은이 **백종원** (주)더본코리아 대표이사, 외식경영전문가

연세대학교 사회복지학과를 졸업하고 포병 장교로 군대를 마친 뒤, 1993년 서울 강남 논현동에서 원조쌈밥집을 열면서 외식업에 첫발을 들여놓았다. 이후 국내 및 해외에서 본가, 한신포차, 새마을식당, 홍콩반점0410, 빽다방을 비롯한 30여 개 외식 브랜드, 1,600여 개의 매장을 운영 중이다. 중국, 미국, 일본, 호주, 싱가포르, 인도네시아, 말레이시아, 필리핀, 베트남, 캄보디아, 태국에도 진출해 한식을 세계에 널리 알리는 일에 힘쓰고 있다.

음식 문화의 새로운 트렌드를 이끄는 '요리하는 CEO' 백종원 대표는 오늘도 사람들이 좀 더 쉽고 맛있게 즐길 수 있는 메뉴를 개발하고 보급하기 위해 고민하고 있다.

지은 책으로는 《백종원이 추천하는 집밥 메뉴 52》, 《백종원이 추천하는 집밥 메뉴 54》, 《백종원이 추천하는 집밥 메뉴 55》, 《백종원이 추천하는 집밥 메뉴 56》, 《백종원이 추천하는 집밥 메뉴 애장판》, 《백종원의 혼밥 메뉴》, 《백종원의 장사 이야기》, 《무조건 성공하는 작은식당》, 《초짜도 대박나는 전문식당》, 《백종원의 식당 조리비책》, 《백종원의 肉(육)》, 《백종원의 도전 요리왕》 시리즈 등이 있다.

백종원의 집밥
365 다이어리

초판 1쇄 인쇄 2020년 10월 19일
초판 1쇄 발행 2020년 11월 02일

지은이 백종원

발행인 신상철
편집장 신수경
편집 정혜리 김혜연
디자인 박수진
사진 김철환(요리) 장봉영(인물)
스타일링 김상영 최지현 이빛나리 장연지 김지현
마케팅 안영배 신지애
제작 주진만

ⓒ 백종원, 2020

발행처 ㈜서울문화사 | **등록일** 1988년 12월 16일 | **등록번호** 제2-484호
주소 서울시 용산구 한강대로 43길 5 (우) 04376
편집문의 02-799-9326 | **구입문의** 02-791-0762
팩시밀리 02-749-4079 | **이메일** book@seoulmedia.co.kr
블로그 smgbooks.blog.me | **페이스북** www.facebook.com/smgbooks/

ISBN 979-11-6438-953-7 (13590)